国家重点研发计划项目(2018YFC0604502)
河南工程学院博士基金(DKJ2019001)
2022年度留学人员科研择优资助项目
河南省高等学校重点科研项目(22A440001)

综放工作面多放煤口协同放煤方法及煤岩识别机理研究

刘　闯　著

U0324098

中国矿业大学出版社
·徐州·

内 容 提 要

综合机械化放顶煤开采的多放煤口协同放煤方法及煤岩识别技术是实现综放工作面自动放煤或智能放煤的关键。本书主要介绍了综放工作面多放煤口协同放煤方法研究、综放工作面不同放煤方法数值模拟、煤岩识别机理研究、煤岩识别方法实验室试验等内容。

本书可供采矿、安全、地质等专业的学生、教师和工程技术人员参考使用。

图书在版编目(CIP)数据

综放工作面多放煤口协同放煤方法及煤岩识别机理研究 / 刘闯著. —徐州:中国矿业大学出版社,2021.11

ISBN 978 - 7 - 5646 - 4703 - 2

Ⅰ. ①综… Ⅱ. ①刘… Ⅲ. ①综采工作面—研究

Ⅳ. ①TD802

中国版本图书馆 CIP 数据核字(2020)第 061068 号

书　　名	综放工作面多放煤口协同放煤方法及煤岩识别机理研究
著　　者	刘　闯
责任编辑	于世连
出版发行	中国矿业大学出版社有限责任公司
	(江苏省徐州市解放南路　邮编 221008)
营销热线	(0516)83884103　83885105
出版服务	(0516)83995789　83884920
网　　址	http://www.cumtp.com　E-mail:cumtpvip@cumtp.com
印　　刷	徐州中矿大印发科技有限公司
开　　本	787 mm×1092 mm　1/16　印张 8.5　字数 218 千字
版次印次	2021 年 11 月第 1 版　2021 年 11 月第 1 次印刷
定　　价	36.00 元

(图书出现印装质量问题,本社负责调换)

前　言

综合机械化放顶煤开采的多放煤口协同放煤方法及煤岩识别技术是实现综放工作面自动放煤或智能放煤的关键。以实验室试验、理论分析、数值模拟和现场实测为手段，研究了多放煤口协同放煤条件下的放煤方式、放煤口宽度以及煤岩运动特征等对顶煤回收率和放煤效率的影响，分析了多放煤口条件与单放煤口条件下的放煤效果，建立了多放煤口起始放煤方式的算法模型；提出了微波照射-红外探测主动式煤岩识别方法，从煤、矸石的物理、化学特性出发通过扫描电镜试验、X光衍射试验、比热容值和电性参数测试实验，获取了煤、矸石的化学元素组成、矿物成分组成、比热容值大小以及相对介电常数的实部值和虚部值，从理论上揭示了该识别方法的科学性，在实验室验证了该识别方法的可行性，为解决多放煤口协同放煤过程中煤、矸快速准确识别提供了理论和试验基础。

基于综放工作面顶煤放出规律，提出了多放煤口协同放煤方法。该方法是，多放煤口起始放煤时，多个放煤口同时开启放煤，然后以一定的时间间隔逆次关闭各放煤口的"多放煤口同时开启逆次关闭"的起始放煤方法。根据放煤口放煤影响范围，以及顶煤冒落过程中的速度方程和顶煤颗粒运动方程，建立了多放煤口起始放煤方式的算法模型。在多放煤口协同放煤条件下，放煤过程中的煤岩分界面相对平滑；顶煤回收率随同时开启的放煤口数量增加而增大，顶煤回收率为 $77.9\% \sim 90.5\%$。

基于煤、矸石的物理、化学属性差异，进行了大量的煤和矸石的化学成分、物理电性参数及微波照射试验。其研究结果表明：煤和矸石在微波照射前后表现出不同的温度变化是由煤和矸石中所含的极性分子数量不同引起的。在相同的试验条件下，微波照射前后的煤、矸石温度变化量具有明显的差异性；通过红外热成像仪能够精确地获取煤、矸石之间的温度差异大小。基于此，提出了微波加热-红外探测的主动式煤矸识别方法，并在实验室验证了该识别方法的可行性。经相关试验得出：在相同微波照射条件下，煤吸收微波的能力是矸石的1.3倍，煤升高温度的平均速率约是矸石的1.5倍；在吸收相同微波能量的条件下，煤升高的平均温度是矸石的1.15倍；颗粒尺寸为4.75 mm、1.40 mm、0.60 mm和0.30 mm下的煤样品在微波照射前后，其温度升高量分别为相同尺寸下矸石样品的1.3倍、1.7倍、2.0倍和2.3倍。

综放工作面放煤过程是一个庞大的系统工程，涉及因素多且复杂。由于试验条件有限，作者仅研究了部分相关内容，但对于促进综放工作面自动化、智能化仍具有一定的积极作用。

著者

2021 年 10 月

目　　录

第1章　绪　　论

1.1　研究背景与研究意义

　　目前,厚煤层开采方法主要有三种:分层开采方法、大采高综采方法和综采放顶煤开采方法,如图 1-1 所示。20 世纪 80 年代以前,我国厚煤层开采主要采用分层开采方法。分层开采方法将厚煤层人为地划分成几个 2～3 m 的中厚煤层进行开采。但分层开采方法开采工艺复杂,采煤产量与效率普遍不高,另外反复揭露采空区,影响生产安全,已逐步被淘汰。大采高综采技术自 1978 年被我国引进以来,得到了较快的发展;其一次割煤高度不断增加。2016 年 4 月,兖矿集团有限公司金鸡滩煤矿成功完成了 8.2 m 超大采高综采技术与成套装备地面联合试运转;2018 年 3 月,神东煤炭集团有限公司上湾煤矿四盘区装备 8.8 m 采高液压支架。这些都标志着我国大采高综采技术已达到国际先进水平。对于煤层厚度大于8.0 m 的多数特厚煤层,在目前的生产技术和装备水平条件下,很难全部实现一次采全高的综合机械化开采。主要是采用综合机械化放顶煤开采技术对特厚煤层进行开采。

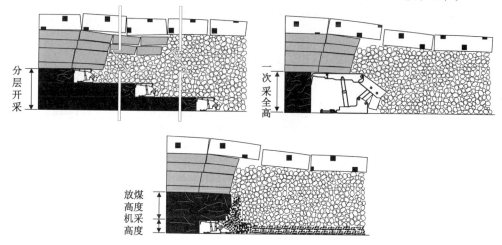

图 1-1　厚煤层开采方法示意图

　　综放开采技术在我国经过几十年的发展,取得了显著的进步,但是仍存在一些问题。需要专业工程技术人员对综放开采技术存在的问题做进一步深入研究。综放开采技术所面临的最突出的生产问题是工作面放煤效率不高和顶煤回收率低。目前,综放面顶煤回收时间占工作面整个采煤时间的 50% 以上,顶煤回收率在 60% 左右,一些设备先进、管理合理的综放面顶煤回收率也只有 85% 左右。综放面放煤过程中,放煤方式和参数的选择对放煤效率和顶煤回收率的高低起到重要的影响作用。以往研究的重点是对于单放煤口或不连续的单放煤口,在综放面倾向方向上的放煤轮次、放煤间隔、放煤高度以及在工作面走向方向上的放煤步距参数的选择,如图 1-2 所示。单放煤口(或者不连续的多个放煤口)放煤时,放煤口面积有限,顶煤冒落不畅,这造成放煤效率低、顶煤回收率不高、混矸率高等诸多问题。在综放面放煤过程中,另一个对顶煤回收率和混矸率影响较大的因素是煤、矸石的识别。当前综放面采用人工判断放煤过程中冒落的煤、矸石,这就决定了不能一次开启多个连续的放煤口放煤。如果一次开启多个连续的放煤口放煤,那么各放煤口煤尘将互相叠加影响,这会降低放煤液压支架后方能见度,使放煤工看不清楚放煤支架后方煤、矸石冒放情况(如图 1-3 所示),不能对放煤口放煤情况进行准确判断。因此,目前综放面现场采用的是单放煤口(或者不连续的多个放煤口)放煤。

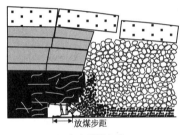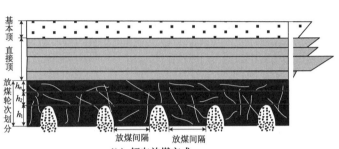

（a）走向放煤方式　　　　　　　　　　　（b）倾向放煤方式

图 1-2　综放面放煤方式示意图

（a）放煤支架尾梁　　　　　　　　　　　（b）放煤支架放煤

图 1-3　综放面放煤支架后部

以工业以太网为代表的信息网络技术的崛起,自动化、智能化控制和多传感器等技术的不断发展,为实现综放面自动化和智能化开采提供了一定的基础保障。目前已有条件实现新的放煤方式——多放煤口协同放煤方式。通过智能控制的方式,增加同时打开的放煤支架架次,增大放煤口宽度,对综放面连续的多架放煤液压支架放煤过程进行协调放煤控制,并以一定的准则与综放面其他生产系统相协同,提高放煤效率和顶煤回收率。在多放煤口协同放煤实施中,煤、矸石快速自动识别是其能够实施的保障和前提。要实现多放煤口协同放煤,就需要把目前人工粗略的煤岩判断方法改为快速、准确、可靠的自动化煤岩识别方法。

大同煤矿集团有限责任公司(以下简称同煤集团)进行了几十年的综放开采技术攻关,从 20 世纪 80 年代末的上分层综采自动铺网、下分层高位放顶煤开采到一次采全高高位、中位、低位放顶煤开采以及下分层低位放顶煤开采,最终探索出了适用于大同矿区侏罗纪煤层条件的一整套综放开采综合技术,实现了对特厚煤层的高产高效高采出率的安全开采。但是,大同矿区石炭系煤层赋存条件和侏罗纪煤层的有较大差别。以同忻煤矿为例,目前主要开采煤层为石炭系 $3^{\#} \sim 5^{\#}$ 煤层,煤厚 $0 \sim 35.31$ m,煤层平均厚度 13.67 m。这些煤层聚煤环境属于泛滥平原。其上部泥岩沼泽常发生河道越岸流动,煤层夹矸层数多,煤层结构复杂。这些煤层由 $1 \sim 19$ 个分层(一般 $8 \sim 15$ 层)组成。每个分层含矸率一般为 17%。这些煤层煤炭开采难度较大,放煤方式复杂,这导致目前的放煤效率较低、含矸率较高、顶煤回收率(仅有 60% 左右)较低等。

针对同煤集团综放面放煤过程中放煤方式复杂、放煤效率低、顶煤回收率低、含矸率高等问题,通过研究综放面多放煤口协同放煤方法,优化综放面放煤方式,提高综放面放煤效率和顶煤回收率,降低含矸率;同时,研究微波照射-红外探测的主动式煤岩识别方法,保障多放煤口协同放煤方法的实施。

1.2　国内外研究现状

综放开采技术首先从欧洲国家兴起,经过多年发展,逐步成熟和完善。综放开采技术在被引进中国后得到了进一步的发展。几十年来,我国在综放开采技术方面取得了重大的成就——综放开采从无到有,从试验到推广,发展迅速,改善了我国厚煤层开采现状,取得了较好的经济效益。另外,国内外在煤岩识别方面的研究也取得了不少成果。这些研究成果在很大程度上促进了综放开采技术的发展。

1.2.1　放顶煤开采研究现状

(1) 国外放顶煤开采研究现状

在 18 世纪初,以法国为代表的欧洲国家开始采用放顶煤开采技术开采厚煤层。进入 20 世纪初,法国等一些欧洲煤炭生产国在急倾斜煤层中应用早期的放顶煤采煤法。通过数十年的实践,放顶煤开采技术逐步得到了改进和完善,成为开采 $6 \sim 20$ m 厚煤层的有效方法之一。放顶煤开采厚煤层的效果显著。采用放顶煤开采厚煤层时,采煤工作面的产量比采用传统开采方法时的翻了一番,其回采效率比传统开采方法的提高了 $2 \sim 3$ 倍,其掘进巷道和维护工程量比传统开采方法的减少 50% 以上。因此,在 20 世纪 70 年代左右放顶煤开采技术很快在苏联、法国等相继被试验和推广。其后,罗马尼亚、匈牙利、美国等都相继采用了这种采煤方法。

进入 20 世纪 80 年代后期,由于受到其他能源的激烈竞争、社会政治经济体制的变化和当时技术设备条件的限制,放顶煤开采技术在国外开始逐步走向衰落。至 20 世纪 90 年代初,仅有法国、匈牙利、俄罗斯等极少数国家仍在试验和使用放顶煤开采技术。自 20 世纪 90 年代中期以后,国外放顶煤开采技术发展基本上处于停滞状态。

(2) 国内放顶煤开采研究现状

我国厚煤层储量比例较大。我国最初采用人工顶板分层开采厚煤层,工作面产量低、成本高、煤炭采出率低。这就促使煤炭科研工作者寻求新的采煤方法。在参考国外厚煤层开采经验后,国内学者提出了采用综采放顶煤开采方法开采厚煤层。虽然我国综放开采技术起步较晚,但是发展速度迅猛,取得的研究成果举世瞩目。

我国在 1982 年 9 月开始设计第一套综采放顶煤液压支架。1984 年 4 月,我国在沈阳矿务局蒲河矿北三采区进行全国首个综放工作面的工业性试验;由于放顶煤液压支架和配套设备设计不合理,以及生产经验不足和自然发火等原因,这次综放工作面的工业性试验效果不理想。1986 年 3 月,我国在窑街矿务局二矿进行了急倾斜特厚煤层水平分段综采放顶煤采煤方法的工业性试验;这次试验达到了预期目标,为急倾斜特厚煤层机械化开采开辟了新途径。自此,综放开采技术先后在乌鲁木齐、阳泉、平顶山、辽源、鹤岗等地方的国有重点煤矿和地方煤矿得到大力推广和应用,并取得了良好的技术经济效益。这一时期为我国综放开采技术的探索阶段,对以后综放开采技术的发展具有决定性意义。

1990 年至 1995 年,我国综放开采技术发展进入第二个阶段(逐渐成熟阶段)。越来越多的矿务局在认识到综放开采技术的巨大优势后,开始将综放开采技术发展作为技术进步的主要议程。这个时期,综放开采技术得到了重大发展:① 综放面最高单产量稳步提高;② 放顶煤液压支架由最初的仿造发展到当前的自行研制和定型;③ 综放开采技术在"三软、大倾角、高瓦斯"等难采煤层中的应用有了新突破;④ 初步摸清了和提出了解决提高采出率、防治瓦斯、预防自然发火和防尘等方面的措施;⑤ 深入研究了综放开采的岩层控制、支架-围岩关系、放煤工艺、顶煤可放性等内容,形成了综放开采技术研究百家争鸣的局面。

1995 年至 2005 年,我国综放开采技术发展进入第三个阶段(技术成熟和推广阶段)。由于综放开采的经济效益和社会效益显著,工程技术人员对综放开采的几个重大技术难点有了新的认识,所以综放开采技术越来越被认可,广大煤矿生产企业使用该技术的积极性越来越大。"十五"期间,我国综放开采技术向着更高的目标快速高效发展。其中,兖州矿区"600 万 t 综放工作面设备配套与技术研究项目"的实施和完成,使我国综放开采技术达到了一个新的阶段。

2005 年至今,我国综放开采技术发展进入第四个阶段(革新阶段)。随着我国工业技术的整体进步,煤炭行业的装备水平得到了大力发展和提高,其中具有代表性的是大采高放顶煤液压支架的研制成功和配套设备的研发。与此同时,综放开采技术理论也得到进一步完善。2011 年,"特厚煤层大采高综放开采成套技术与装备研发"研究项目成果在同煤集团大唐塔山煤矿 8105 工作面完成井下应用。同煤集团大唐塔山煤矿 2011 年全年生产煤炭约 1 084.9 万 t,这标志着我国特厚煤层综放开采技术与装备水平迈上一个新的台阶。2011 年以来,我国先后投产、达产多座年产千万吨级煤矿(如塔山煤矿、同忻煤矿、布尔台煤矿、补连塔煤矿等)。这些现代化高产高效的综放开采矿井的建设和投产,标志着我国综放开采技术水平迈进了世界领先水平。

到目前为止,综放开采技术已经在我国得到了全面的发展和应用。然而由于我国煤层赋存条件复杂、开采难度大,综放开采技术仍需要继续创新、发展和完善。特别是在综放工作面提高顶煤回收效率、降低煤炭含矸率、提高顶煤回收率等方面还需要煤炭技术工作者不断地探索和研究。

1.2.2 综放面放煤方式优化研究现状

目前,国外综放开采工作面较少,导致国外对于综放开采顶煤冒放规律的研究较少,仅集中在为数不多的现场顶煤运移实测方面的研究。自 20 世纪 80 年代,综放开采技术引入我国以来,我国专家和学者对综放面放煤规律进行了深入的研究,并取得了丰硕的成果。

吴健根据综放工作面放煤过程中顶煤运动和矿压显现规律,对合理的放煤方式的选择、提高顶煤回收率的途径以及放顶煤开采过程中的安全技术等主要问题做了详细的介绍和阐释。

潘启新通过对综放工作面的现场观测,分析了顶煤的活动规律和顶煤破碎的原因及分带情况,最后总结了合理的放煤步距。

曹占杰对放顶煤采场顶煤的破碎和移动规律及上覆岩层的活动规律进行了研究,指出开采深度、煤层强度、放煤支架支护强度及煤层厚度等是影响顶煤破碎和放煤效果的主要因素。

宋选民通过实测构造裂隙分布和发育程度及其与工作面布置关系,研究其对顶煤破碎冒落块度特征和顶煤采出率的影响。

李化敏、周英等以放顶煤开采现场实测为基础,探讨了综放工作面放煤过程中顶煤的变形特征与支承压力的关系,对比分析了"卸载降架-拉架-支撑"和"带压移架"不同移架方式对顶煤破碎效果的影响,得出了支架的反复支撑对顶煤具有明显的破碎作用的结论。

王家臣基于 FLAC^{3D} 模拟试验和现场观测,提出了散体介质流理论模型,说明了由于放煤口布置方向的差异所以矿椭球体理论的适用条件与低位放煤综放开采的放煤过程有着本质差异,揭示了低位综放开采中顶煤流动与放出过程。2004 年,王家臣团队系统地研究了综放开采顶煤移动与放出规律、煤岩分界线形状,不同采放比、不同放煤步距、不同煤岩粒径比条件下的顶煤采出率与含矸率大小,在理论上提出了顶煤采出率的预测方法。2010 年,王家臣团队通过在顶煤不同层位放标志点的方法,详细研究了不同层位顶煤放出率和颗粒移动轨迹,得出了如下结论:靠近支架的下位顶煤受移架步距等影响采出率偏低;靠近顶板的上位顶煤由于窜矸影响,其采出率明显低于其他部分的采出率;顶煤颗粒在放出过程中分为三个阶段——首先沿二次曲线轨迹向后下方移动,然后垂直下降,最后顶煤颗粒会以二次或三次曲线的轨迹向前下方流出放煤口。2015 年,王家臣团队基于拥塞控制算法研究体系,对特厚煤层综放开采的放煤方式进行了优化研究,提出了分段大间隔放煤方式,讨论了特厚顶煤条件下合理放煤间隔的计算公式以及关于破碎顶煤厚度、破碎直接顶厚度和松动体偏心率的敏感性,得出了分段大间隔放煤方式与顺序放煤和普通间隔放煤方式相比,扩大了可放出区域,减少了架间残煤,能够提高顶煤采出率。同年,王家臣团队基于散体介质流理论思想,采用三维散体相似模拟试验和数值模拟方法,对多夹矸近水平煤层综放开采煤矸放出体空间形态及顶煤采出率的三维分布特征进行了研究,得出了多夹矸近水平综放面放煤量从上端头到下端头逐渐增加,含矸率相应降低,工作面下端头的放煤效率较高;煤矸放出体体积随放煤高度增大呈幂函数关系增大;顶煤采出率和含矸率随放煤时间呈阶段性变化特征;采用间隔放煤有利于提高多夹矸煤层的顶煤采出率。2016 年,王家臣团队通过相似模拟和数值模拟系统研究了综放开采顶煤放出规律,建立了研究煤岩分界面、顶煤放出体、顶煤采出率和含矸率四要素的拥塞控制算法研究体系,提出了可用抛物线拟合煤岩分界面、顶煤放出体是一被支架掩护梁所切割的非椭球体等结论。

高明中结合现场实际和数值模拟研究了放顶煤开采过程中煤层的支承压力分布规律,分析了采高和支架阻力对顶煤应力和位移分布的影响,得出了采高的变化对顶煤的应力分布基本无影响,但会引起中、下位顶煤水平位移和垂直位移增加的结论。高明中通过试验研究还得出了夹矸层的厚度及物理力学性质对顶煤的应力分布和移动有重要影响,采高的变化对上位顶煤影响不明显的结论。

任世广、伍永平通过实验对大倾角特厚煤层顶煤及覆岩在煤层走向和倾向上的运移规律进行了研究。他们认为:在走向上顶煤中的压力可以分为应力不变区、应力增高区、应力降低区,顶煤在重力的作用下既有沿煤层走向的运移也有沿倾向的运移。

石平五通过相似模拟试验对急斜特厚煤层的合理水平分段高度进行了试验研究,得出了对于倾角较大的煤层应适当增大放煤的分段高度的结论。

魏锦平、靳钟铭利用数值模拟正交试验法研究了采高、采放比、支架阻力、放煤步距等工艺参数对顶煤压裂效果的影响规律,并根据实验所得放煤方式对块体顶煤的适应性规律,对"两硬"综放工作面的放煤工艺进行了合理选择。

王树仁应用PFC^{2D}计算程序分析了煤矿综放面散体顶煤和破碎直接顶的落放过程及落放形态,揭示了不同放煤步距连续推进模式下的煤损动态特征,得出了折线型综采面采用自上而下的回采顺序,顶煤回收率高且支架受力均匀的结论。

张宁波应用PFC^{2D}计算程序模拟分析了顶煤厚度变化对煤矸流场特征和顶煤放出规律的影响,得出了顶煤损失是随放煤循环逐渐积累的过程,煤矸流动的速度场和接触力场以放煤口为中心呈半拱形状,距放煤口距离越小,接触力越小等结论。

谢德瑜、侯运炳通过PFC^{2D}数值模拟研究了三种放煤顺序下的顶煤回收率、放出体、煤岩分界面、接触力场和放煤时间的不同特征,提出了合理的放煤顺序。

白庆升在分析支架后上方顶煤及直接顶破碎、冒落特性和运动准则的基础上,建立了放顶煤离散元数值模拟模型,从煤岩块体运动特性和接触力场演化规律两个方面论述了顶煤架后成拱机理。

刘占魁依据椭球体放煤理论研究了煤层地质赋存条件与放煤参数之间的关系,分析总结了放煤步距、采放比、放煤间距各参数对放出体的影响,为确定放煤工艺参数及选用设备提供了一定的参考。

黄志增等采用深基点观测方法,在大同塔山8105大采高综放面设置观测站,对特厚顶煤不同层位的运移特征进行了观测分析,得出了特厚煤层顶煤上、下位的顶煤运移具有不同步性的结论。

仲涛、刘长友采用理论分析、数值模拟和现场实测的方法分析了特厚煤层条件下煤矸流场的变化规律、流场中拱结构的形成与失稳规律及其对煤矸流动形态和顶煤损失的影响,为确定合理放煤工艺参数提供了参考。

田多、师皓宇、付恩俊等在椭球体放煤理论的基础上,推导了可放椭球体与实放椭球体方程,并在此基础上建立了不同顶煤厚度、放煤步距与顶煤回收率三者之间的关系,优化了放煤步距的计算方式。

孙利辉等,采用相似材料模拟,根据放煤步距、放煤顺序、放煤方式、煤层倾角的不同,构建15种放煤模型,对比分析不同放煤条件下对顶煤回收率、顶煤与矸石运动规律的影响,得出工作面倾向方向采用由下向上单轮顺序放煤,走向方向采用一采一放的组合方式放煤,工作面顶煤回收率最高。

李海军采用正交试验设计的方法,以顶煤破碎系数为指标,支架的支撑高度、控顶距和放煤步距为影响因素,对PFC^{2D}模拟软件的模拟结果进行极差分析和方差分析,得出各影响因素对顶煤回收率的敏感程度,其由强到弱的顺序为支架的支撑高度＞放煤步距＞控顶距。

以上综放面顶煤冒放规律的研究内容多基于单放煤口理论条件下的顶煤放出体形态的描述,煤矸流场的研究,顶煤冒落成拱机理研究,顶煤压力、位移变化规律的研究,顶煤回收率的影响因素分析等的研究。对于综放面多放煤口协同放煤方法的研究,尚未见公开发表的研究成果。

1.2.3　煤岩识别方法研究现状

实现综放工作面自动放煤,不仅需要放顶煤液压支架电液控制系统的自动化控制,还需要解决放煤过程中煤、矸石的自动识别问题。目前已经实现了放顶煤液压支架电液控制系统的自动化控制。在煤、矸石自动识别技术方面,国内外专家和学者也先后提出了数十种不同的煤岩自动识别方法,但由于井下复杂的生产环境和探测设备的灵敏性等原因,这些自动煤岩识别技术尚不能在现场发挥出良好的效果。

1.2.3.1　国外煤岩识别研究现状

国外对煤岩识别技术的研究主要集中在世界主要产煤国,如美国、英国、俄罗斯等。到目前,国外已经发展了三十多种煤岩识别的检测方法,涵盖了 γ 射线辐射法、雷达探测法、红外辐射法、压力感应法、声波信号分析法、振动信号分析法,图像识别法等。

（1）人工 γ 射线法

人工 γ 射线法原理是利用人工放射源和探测器来实现煤岩识别。该方法起源于 20 世纪 60 年代的英国。20 世纪 70 年代,英国开始采用铯（Cs137）作为放射源进行试验。20 世纪 80 年代,苏联借鉴了英国的方法,研制了矸石分界面的探测方法。由于人工操作放射源时, γ 射线会对人的身体产生危害,其安全措施难以保证,进而这种方法很快被淘汰。

（2）自然 γ 射线法

20 世纪 80 年代,英国开始研究基于自然 γ 射线的煤岩识别方法。英国索芙特电器公司在 1980 年首次研发了 SEI-801 型自然 γ 射线仪,并将其逐步商业化。在此基础上,美国采矿电子仪器公司研制了 NGR-1008 型自然 γ 射线煤厚探测器。该设备的工作原理是矸石中含有的钾、铀等放射性元素能够放射出 γ 射线,依据钾、铀等放射性元素放射出 γ 射线的衰减来确定矸石的厚度。由于不同含量的放射性元素放射出 γ 射线的衰减规律不同,所以该设备在检测时对煤层夹矸的适应性较差。

（3）雷达探测法

雷达探测法原理是利用电磁波透过顶煤传播到顶板岩层时,在煤矸界面上发生反射,通过分析反射回来的电磁波的速度、相位、传播时间、发射波频率等信号,来检测顶煤厚度和矸石。这种方法在顶煤厚度超过一定阈值时,信号衰减严重,因而限制了该方法的推广应用。

（4）红外探测法

红外探测法原理是依靠采煤机的截齿在切割煤壁时与煤壁或者岩石摩擦产生热量,使煤壁和岩石温度升高,由于煤层和岩层摩擦产热量不同,所以煤壁或者岩石与采煤机截齿摩擦后升温不同,通过红外摄像机等热成像设备采集煤壁或者岩石的热分布谱图,进而转化成判断煤或者矸石的信息来进行煤岩识别。该方法受环境温度等因素影响较大,使其工程应用受到一定的限制。

（5）基于截割力的探测方法

基于截割力的探测方法原理是依靠采煤机的截齿在切割煤壁时的不同物理性能来实现煤、矸石检测。该方法起源于 20 世纪 80 年代的英、美两国。起初,该方法原理是利用煤与矸石不同的力学性能导致采煤机截齿不同的受力来反应所含矸石的程度。

(6)基于声波分析的煤岩识别方法

基于声波分析的煤岩识别方法原理是通过比较煤和矸石在放煤过程中下落时的声音信号差异,来进行动态的煤、矸石自动识别。该方法经济、简单、易行,但由于在井下生产过程中声波信号容易被机械设备以及环境激发的多种声音信号所污染,因此该方法的应用受到一定的制约。

(7)基于振动技术的煤岩识别方法

基于振动技术的煤岩识别方法原理是通过采集采煤机在割煤过程中的振动频率,或者放煤过程中煤和矸石下落时撞击刮板输送机或者支架尾梁的振动频率,对振动信号进行分析对比,提取煤与矸石的特征信息来实现煤岩识别。该方法容易受到井下机械设备以及环境激发的多种振动信号所污染,因此该方法的应用受到一定的制约。

(8)基于图像处理的煤岩识别方法

基于图像处理的煤岩识别方法原理是利用煤与矸石的颜色和光泽等信息,通过高清摄像头获取煤、矸石的图像信息,再利用数字图像处理技术,将被识别物体的图像进行降噪、复原、增强、特征提取等处理,再通过数据库对比,识别对象物体是煤或者矸石。该方法在煤岩灰度颜色差别比较明显时准确度比较高,但受井下光线、粉尘、湿度等工作环境影响因素比较大。

1.2.3.2 国内煤岩识别技术研究现状

国内对煤岩识别的研究起步较晚。但是自 20 世纪 80 年代以来,经过几十年的发展,我国已先后提出了十余种煤岩识别方法,并在现场对这些方法进行了初步的试验,在一定程度上促进了我国综放工作面的放煤自动化发展进程。

秦剑秋提出了自然 γ 射线在穿透顶煤后按加权指数函数衰减的观点;在此基础上导出了指导煤岩界面识别的测报方程,提出了通过三次标定来确定的煤层线衰减系数更接近实际参数的结论。

王增才参考国外自然 γ 射线煤岩界面识别发展状况,对我国煤矿煤、岩中自然 γ 射线分布特征进行了划分,并分析了自然 γ 射线煤岩界面识别方法在我国的适用性。

赵栓峰针对 γ 射线监测煤岩识别易受煤中夹杂物干扰和地质条件限制的缺点,提出了利用滚筒截割力响应来进行煤岩识别——采用多小波频带能量提取煤岩特征建立特征库,最后利用支持向量机实现煤岩特征的识别。

张宁波、刘长友通过实验的方法对矸石低水平自然射线的涨落规律及阈值进行了验证,确定了仪器的实时响应特性,提出了采用煤矸自然射线识别方法对放顶煤过程中放煤口的混矸进行测定识别。

任芳、熊诗波、杨兆建等提出了基于多传感器数据融合技术的煤岩界面识别方法——采用多类型传感器拾取采煤机截割力响应信号并进行多信号特征提取与数据融合来提高煤岩界面识别的可靠性。

刘富强立足于先进的计算机技术,采用图像处理和模式识别技术,根据煤块和矸石在灰度与纹理上的不同,将井下煤、矸石区别开来。

马宪民根据模式识别原理,采用图像处理技术,通过对原始图像进行平滑滤波、边缘加强及分割等一系列操作,依据煤和矸石的灰度直方图特性,将煤和矸石区分开来。

霍平、曾翰林等借助图像处理以及模式识别技术,对获取的煤、矸石图像进行同态滤波、中值滤波、图像分割以及形态学滤波处理,得到煤、矸石的轮廓图像,然后利用积分算法计算出煤、矸石体积,再利用所测煤、矸石质量计算出煤、矸石密度,根据煤与矸石两者密度的不同,实现煤与矸石的在线识别。

黄炳香、刘长友等利用近红外线照射到煤矸混合物上时,从煤或矸石的红外光谱上得到煤或矸石的特征波长的原理,在放顶煤液压支架下方的刮板输送机上设置多个发射光波探头和接收光波探头,通过对煤或矸石特征波长的吸光度分析来判别是煤还是矸石。

张艳丽、张守祥基于希尔伯特-黄变换技术,对综采工作面上采集的煤和矸石振动声波信号进行经验模态分解(EMD)和希尔伯特谱分析,得到顶煤下落和煤矸混放两种情况下声波信号的频率和幅值特征,根据煤矸声波信号的特征,作为煤矸界面识别的判断依据。

张岩和赵乃卓通过高速采集煤矸撞击放煤支架尾梁的振动声波信号,经过无限脉冲响应低通滤波去噪、快速傅里叶变换和小波变换对数据进行频谱、功率谱分析,实现煤与矸石的比例识别,监测顶煤放落程度。

马瑞采用小波包理论分析顶煤放落过程中的声波信号,提出了基于声波频谱小波包变换的煤矸界面识别方法。

刘伟、华臻等基于振动信号分析的煤矸界面识别理论与方法,将振动加速度传感器安装在放煤口,对放煤过程中煤和矸石下落撞击支架钢板产生的振动冲击信号进行测量,从信号中提取有用信息,建立智能识别模型,自动辨识放煤时落下的是煤或矸石或者煤矸石的混合物。

张守祥、张艳丽根据煤和矸石冒落时撞击支架尾梁产生的振动频谱不同,采用数字信号处理技术,对采集的振动信号经过数字滤波、傅里叶变换和频谱分析处理后,获得煤矸量的动态放落比例。

李旭根据煤和矸石冒落时撞击刮板运输机产生的振动信号差异,提出了费含尔判别规则来识别放煤过程中的煤矸石。

王保平、王增才开发设计了一种反向传播神经网络煤矸识别方法,对采集的煤、矸石撞击放煤支架尾梁的振动和声波信号特征进行信息融合,利用神经网络对两种信号同时识别,共同判断来提高煤岩识别的准确度。

张良根据煤与矸石冒落到支架尾梁上的振动信号不同,提出了基于振动信号的综放工作面煤矸自动识别系统。

毕东柱基于 ZICM2410 通信模块设计了煤矸识别手持终端系统,通过使用振动传感器和多种煤矸识别数学模型,对煤矸进行有效的实时辨识。

汪玉凤等根据放煤时产生的声波种类、数量和环境特点,将含噪的超完备独立分量分析方法应用于放煤过程中产生的煤岩混合声波信号的分离,通过对顶煤各盲源信号的有效分离,确定顶煤中煤和矸石的比例,实现煤岩界面的识别。

张国军基于高速数字信号处理器平台,建立图像控制器数字处理系统,通过高速数字信号处理器对图像的离散脉冲噪声进行中值滤波,实时计算出每一张图像的灰度直方图,提取煤和岩石的特征区别,实现对综放工作面煤、矸石冒落的控制。

余杰、孙继平在煤岩图像特征抽取的基础上,提出了基于闵可夫斯基距离判别、支持向量机、反向传播神经网络、改进的反向传播神经网络和改进的小波神经网络的五种模式分类方法,进行煤岩识别的仿真试验。

朱世刚、吴淼根据煤矿井下综放工作面顶煤冒落试验,探讨了基于振动信号、声音信号和图像信号特征的煤岩识别方法。

张晨以激光三角测距法为理论基础,通过测量被测物体的体积以及动态称重被测物体的重量,计算出被测物体的密度,最后根据煤和矸石在密度上的差异,判断出被测物体是煤还是矸石。

上述煤岩识别方法在现场试验中虽然都取得了一定成效,但由于井下生产环境复杂,尚不能在现场取得好的应用效果,这导致煤、岩识别技术一直以来都是综放开采的技术难点。通过 γ 射线识别煤岩方法,易受煤中夹杂物干扰和地质条件的限制。通过采煤机截割力和采煤机电流参数等信息实现煤岩识别,只适用于采煤机割煤过程,无法应用在放煤过程。通过图像处理的方法实现煤岩识别,存在放煤支架的放煤口小、空间狭窄、光线阴暗、无法安装图像采集装置、图像采集不清晰等缺点。利用雷达检测信号识别煤岩,存在信号衰减大、难以适应不同厚度的煤层等缺点。采用声波信息实现煤岩识别,容易受采煤机等噪声源污染。利用煤矸石冒落时的振动信号来进行煤岩识别,难以确保煤和矸石下落时能够撞击到刮板输送机或者支架尾梁。

由上述国内外煤、矸石识别技术的发展历程可见,实现煤、矸石自动识别技术是进一步提高综放工作面自动化水平的迫切要求。目前国内外还没有完备的煤岩识别装备。本书研究的目的之一是研究综放工作面放煤过程中的煤岩自动识别问题,探索一种简单、可靠、实用的煤岩自动识别技术,为促进综放工作面的自动化生产提供技术参考。

1.2.4 目前研究存在的问题

综合以上分析,目前国内外研究存在的主要问题如下:

(1)综放工作面放煤方法研究

当前综放工作面放煤理论研究多集中在单放煤口放煤理论研究上,而单放煤口放煤存在顶煤回收率低、放煤口上方煤流易成拱、放煤效率低、混矸率高等问题,因此,需要研究新的综放工作面放煤方法来解决以上存在的问题。

(2)综放工作面煤岩自动识别方法研究

目前研究的煤岩识别方法多为被动识别,即根据煤、矸石既有的化学成分、物理特性、外观色泽等差别进行识别,由于井下综放工作面工作环境恶劣、能见度低以及外部环境和设备的严重干扰,导致以往的煤岩识别方法在现场取得的试验效果大多不理想,因此,需要探索新的可靠的煤岩自动识别方法。

1.3 研究内容

针对综放工作面放煤过程中单放煤口放煤过程中存在的问题以及当前煤岩识别方法不准确的问题,在前人的研究基础上,以实验室试验、理论分析、数值模拟和现场实测为手段,研究多放煤口协同放煤条件下多放煤口宽度、多放煤口放煤的放煤方式及煤岩运动特征对顶煤回收率和放煤效率的影响。另外,根据煤和矸石之间的材料属性差别,研究通过微波照射—红外热成像探测的新型煤岩识别方法,解决综放工作面放煤过程中的煤、矸识别问题,为多放煤口协同放煤的实施提供保障。其具体研究内容如下:

（1）综放工作面多放煤口协同放煤方法研究

研究多放煤口协同放煤的放煤方式、煤岩运动特征、煤岩界面特征、顶煤冒落速度、放煤口放煤移动边界影响距离,优化多放煤口协同放煤同时打开的放煤口数量等内容。

（2）综放工作面多放煤口和单放煤口放煤顶煤回收率和放煤效率对比

建立沿工作面倾向方向的数值模拟模型,模拟和对比不同的单放煤口放煤方式和不同放煤口数量的多放煤口放煤的放煤规律、顶煤回收率和放煤效率。

（3）综放面走向方向合理放煤步距研究

根据综放工作面顶煤沿工作面走向方向上的冒放规律,建立沿工作面走向方向的数值模拟模型,模拟、对比不同放煤步距条件下顶煤回收率的大小。

（4）微波照射-红外探测主动式煤岩识别机理研究

研究材料吸收微波和红外热成像的原理,根据煤、矸石的扫描电镜试验、X 衍射试验、比热容值和电性参数测试试验,获取煤、矸石的化学元素组成、矿物成分组成、比热容值大小以及相对介电常数的实部和虚部值,从理论上分析该煤岩识别方法的科学性。

（5）微波照射-红外探测主动式煤岩识别方法实验室验证

在实验室条件下,探究不同的煤、矸石颗粒尺寸,在相同时间的微波照射条件下的温度变化规律,分析不同的煤、矸石颗粒尺寸与微波照射的敏感性关系,验证该煤岩识别方法的可行性;探究相同的煤、矸石颗粒尺寸,在不同的微波照射时间条件下的温度变化规律,分析煤、矸石颗粒对微波照射时间的敏感性关系,验证该煤岩识别方法的可行性。

1.4　研究方法及技术路线

围绕多放煤口协同放煤方法和煤岩识别机理这两个关键问题进行研究。首先,基于单放煤口放煤理论,结合收集到的现场资料和数值模拟结果,从综放面顶煤冒放规律和形态入手,研究在多放煤口协同放煤条件下多放煤口放煤的放煤方式、多放煤口的总宽度及煤岩运动特征对顶煤回收率和放煤效率的影响,并与单放煤口条件下的不同放煤方式放煤效果进行对比;其次,从煤、矸石的物理、化学特性出发,通过实验室试验探究微波照射-红外探测的煤、矸识别方法的理论和实际可行性。本书研究所采取的技术路线如图 1-4 所示。

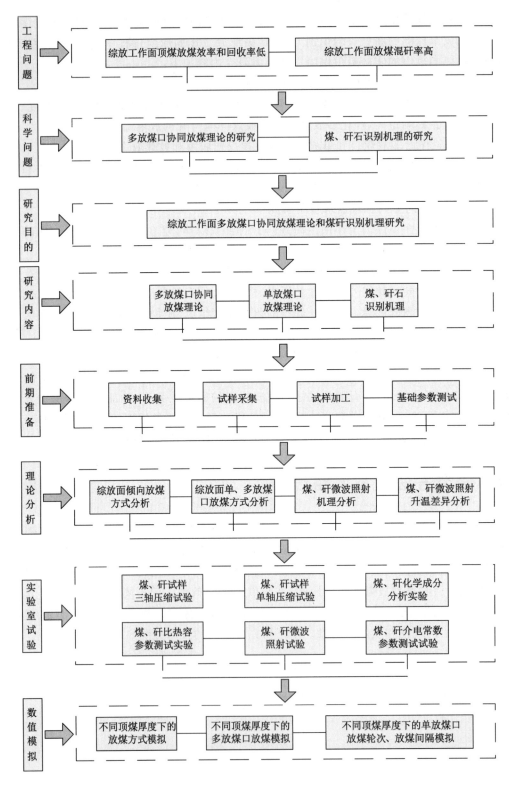

图 1-4　技术路线

第2章　综放工作面多放煤口协同放煤方法研究

为实现综放工作面的快速放煤,提高综放工作面放煤效率和顶煤回收率,提出综放面多放煤口协同放煤方法,建立综放工作面倾向方向上的多放煤口协同放煤模型,分析在多放煤口放煤条件下,多放煤口的放煤方式、煤岩界面分界线的形态以及同时打开的放煤口数量对顶煤冒落、成拱、回收率等的影响,并给出多放煤口放煤的具体方式和理论计算方法。

2.1　多放煤口协同放煤定义

综放面多放煤口协同放煤,是指在工作面倾向方向上,同时打开 n 个($n \geqslant 2$)连续的放煤口,以一定的放煤方式,使打开的 n 个放煤口上方的煤岩分界面能够保持为一近似倾斜的直线进行同时放煤。在放煤过程中,不仅要保证 n 个放煤口之间的协调,还要与综放工作面的运输系统、通风系统和顶板岩层控制等系统相协同。

综放面多放煤口协同放煤,具体是指工作面连续的 n 个放煤口始终以近似倾斜直线的煤岩分界面进行放煤。第 1 个 n 个放煤口的放煤过程称为多放煤口放煤的起始放煤,如图 2-1 所示;最后 1 个 n 个放煤口的放煤过程称为多放煤口放煤的末端放煤,起始放煤和末端放煤之间的放煤过程称为中间放煤,如图 2-2 所示。起始放煤阶段,以一定的放煤方式形成近似倾斜直线的煤岩分界面,起始放煤结束后,按照见矸关门的原则,关闭见矸的放煤口,打开一个临近未开启的放煤口,如图 2-2 所示;保持 n 个连续放煤口同时放煤。当最后 1 个 n 个放煤口放煤时(即末端放煤阶段),放煤口为第($N-n+1$)、($N-n+2$)……N,按照见矸关门的原则,依次关闭见矸放煤口,逐次减少同时打开的放煤口个数,依次关闭最后的 n 个放煤口,直至第 N 个放煤口关闭,整个工作面顶煤回收结束。

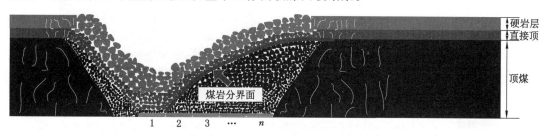

图 2-1　多放煤口起始放煤示意图

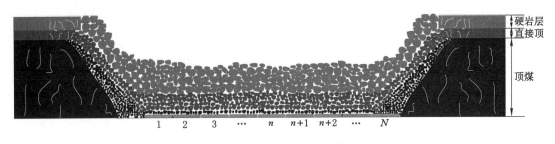

图 2-2　多放煤口放煤示意图

2.2　起始放煤过程研究

多放煤口放煤过程中,工作面第 1 个 n 个放煤口通过一定的放煤方式,形成一个近似倾斜直线的煤岩分界面的放煤过程称为多放煤口放煤的起始放煤过程。起始放煤过程是整个多放煤口放煤过程中最关键的部分。起始放煤中形成的煤岩界面将直接影响到后续的中间放煤过程和末端放煤过程。因此,对于多放煤口放煤中的起始放煤过程要做重点分析和研究。

为了能够在起始放煤结束后形成近似倾斜直线的煤岩分界面,需要研究放煤口放煤过程中顶煤运动的影响范围、速度场、位移场等。根据放煤口位置与煤岩分界面的几何位置关系,进而对起始放煤过程中各放煤口之间的放煤过程进行协调控制。

2.2.1　起始放煤方法研究

放煤口放煤过程中的煤体移动边界超过放煤口正上方的区域,对临近放煤口的正上方区域将产生影响,使得顶煤冒放过程由于各放煤口之间的相互影响而变得复杂。为了在顶煤复杂的运动中,形成近似倾斜直线的煤岩分界面(如图 2-3 所示),就必须对各放煤口的开启和关闭进行控制和协调。从图 2-3 中的预期煤岩分界面可以看出:在起始放煤结束后,这 n 个放煤口上方剩余的顶煤量不同。这就要求各放煤口的放出时间不同。需要根据各放煤口位置和预期煤岩分界面的关系对放煤口开启和关闭的时间进行计算求解,控制各放煤口上方顶煤的放出量,进而达到形成近似倾斜直线的煤岩分界面。

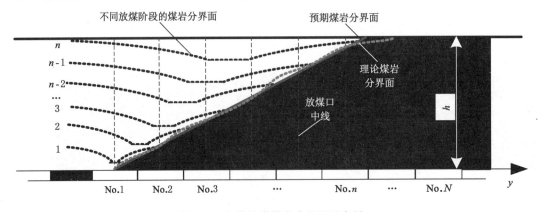

图 2-3　起始放煤煤岩分界面示意图

由图 2-3 可知,在预期的起始放煤结束后,各放煤口上方剩余的顶煤量不同。在放煤时间的控制上,总体上应该满足:顶煤剩余量少的放煤口需要更多的放煤时间,相应的顶煤剩余量多的放煤口需要较少的放煤时间。这就需要各放煤口上方顶煤的冒落时间的多少有一定的梯度。预期煤岩分界面是一条连续的曲线。这就要求在起始放煤过程中,要对放煤口的开启和关闭进行一定的时间控制。以一定的开启或者关闭时间差来控制放煤口顶煤的放出量。连续的煤岩分界面曲线要求在放煤过程中放煤口的间距尽可能的小,形成连续放煤的放煤口,使煤岩分界面平缓下降。预期的煤岩分界面是一条以第 1 个放煤口中线与顶煤底部的交点和第 n 个放煤口中线与顶煤顶部的交点的连线。这要求煤岩分界面的最低点出现在第 1 个放煤口上方。常规的顺次放煤方式或者间隔放煤方式是以一定的时间间隔打开各放煤口进行起始放煤的,不能实现煤岩界面的最低点在第 1 个放煤口上方,也不能实现煤岩界面的均匀连续下降。这是因为顶煤放出漏斗母线的最低点(中间点)一直向开启的放煤口总宽度的中间线位置移动。如果按照常规的放煤方式以一定的时间间隔顺次或者间隔打开各放煤口,那么起始放煤结束后,煤岩分界面的最低点不在第 1 个放煤口上方,另外这种常规的放煤方式,即按照一定的时间间隔增加同时打开的放煤口数量,由于各放煤口之间的相互干扰,使得煤岩分界面弯曲不平滑。因此,综合以上因素的考虑,对于起始放煤的控制,采用在起始放煤开始时,同时打开 n 个放煤口同时放煤,然后以一定的时间间隔逆次(以 n、n−1、n−2……1 的顺序)关闭各放煤口,简称为“同时开启逆次关闭”多放煤口起始放煤方式。当第 1 个放煤口达到预定的放煤时间之后,同时再次开启第 2、3、4……n 个放煤口,至此,起始放煤过程结束。连续的多个放煤口放煤使得煤岩分界面能够平缓下降,如图 2-3 中所示,关闭第 n 个放煤口时,煤岩分界面如图 2-3 中的顶煤放出漏斗 n 所示,关闭第(n−1)个放煤口时,煤岩分界面如图 2-3 中的顶煤放出漏斗(n−1)所示,随着放煤口的逆次逐个关闭,煤岩分界面的中间点逐渐向第 1 个放煤口上方运动;当关闭第 1 个放煤口时,煤岩分界面最低点运动到第 1 个放煤口上方,与此同时,以一定的时间间隔逆次关闭各放煤口,保证了各放煤口上方顶煤的冒落总时间不同,使得煤岩分界面在平缓下降的同时接近预期煤岩分界面的梯度。不同的起始放煤方式将在第 3 章第 3.5.1 节进行详细的效果对比。通过以上分析可以看出:在起始放煤过程的控制中,求解关闭相邻两个放煤口的时间差是关键,下面对这一问题进行详细的分析计算。

2.2.2　顶煤移动边界计算

在综放工作面单放煤口放煤过程中,松散煤岩接触面不断下降和弯曲,最终形成漏斗。放出漏斗顶点到达漏口,即煤岩接触面与流动轴 Ox 的交点 O 到达漏口,如图 2-4 所示,此时表示纯煤体已经放完。当放出纯煤量 Q 以后,形成放出椭球体 Q 及各种高度下的移动椭球体Ⅰ、Ⅱ、Ⅲ、Ⅳ、Ⅴ。设煤岩接触面 $A-A'$ 与放出椭球体相切于 0 点,与各移动椭球体分别相交于 1,2,3,4,5 各点。由于放出了散体 Q,各移动椭球体与接触面的交点 1、2、3、4、5 下降至 $1'$、$2'$、$3'$、$4'$、$5'$。$1-1'$、$2-2'$、$3-3'$、$4-4'$、$5-5'$ 是各移动椭球体按相关位置不变原理移动时各点的移动轨迹。

放出漏斗的高 h 等于煤层高,其半径 R 等于松动椭球体和煤岩接触面相截的横断面圆的半径。这些参数值可用以下方法求得。松动椭球体标准方程如式(2-1)所示(在 x 轴与直线 L_1 或者 L_2 组成的直角坐标系下):

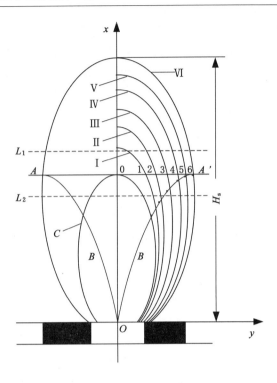

A—A′—矿岩接触面；B—放出漏斗母线；C—放出椭球体；
Ⅰ、Ⅱ、Ⅲ、Ⅳ、Ⅴ—各种高度的移动椭球体；Ⅵ—松动椭球体。

图 2-4　放出漏斗的形成过程

$$y^2 = (a^2 - x^2)(1 - \varepsilon^2) \tag{2-1}$$

式中　a——椭球体长轴长；

　　　ε——椭球体偏心率。

松动椭球体在此坐标系下，与煤岩接触面交点坐标可表示为：

$$a = \frac{H_s}{2}$$

$$x = \left| \frac{H_s}{2} - h \right|$$

$$R = y$$

得：

$$R = \sqrt{h(H_s - h)(1 - \varepsilon_s^2)} \tag{2-2}$$

式中　ε_s——松动椭球体偏心率；

　　　h——放出椭球体高，m；

　　　H_s——松动椭球体高，m。

散体的二次松散是指散体从采场放出一部分以后，为了填充放空的容积，在第一次松散的基础上所发生的再一次松散。其发生的过程是：当从漏斗口放出常量椭球体体积 q 后，散体为了保持平衡将有 $(2q-q)$ 的散体补充它所留下的空间，如图 2-5 所示；散体继续放出，散体移动范围不断扩大,各种高度的放出椭球体不断下降。设体积为 nq 的放出椭球体,当放出 q 后,它下降至 $(n-1)q$ 位置;当放出 $2q$ 后,它下降至 $(n-2)q$ 位置;如此依次下降;当放出 $(n-1)q$ 后,它下降至 q 的位置,最后全部放出。这样散体放出过程可以概括为:从漏斗口放出 q 后,依次为 $(2q-q)$、$(3q-2q)$……$[nq-(n-1)q]$。同时在此过程中,散体移动范围不断扩大。

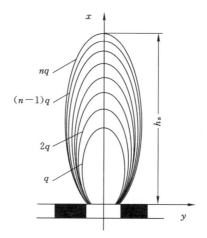

图 2-5　散体二次松散过程

散体放出过程为 $(2q-q)$、$(3q-2q)$……$[nq-(n-1)q]$,这是一个散体不断补充的过程。但是散体放出时要产生二次松散,所以在 $(2q-q)$ 散体递补之后,余下的空间不是 q,而是 $(2q-K_{ss}q)$,如图 2-6 所示;依次类推,每次降落后余下的空间 Δ 计算公式为:

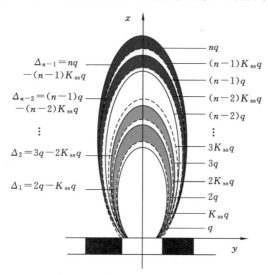

图 2-6　松动椭球体及其扩展过程

$$\Delta_1 = 2q - K_{ss}q$$

$$\Delta_2 = 3q - 2K_{ss}q$$

$$\cdots\cdots$$

$$\Delta_{n-1} = nq - (n-1)K_{ss}q \tag{2-3}$$

最后余下的空间 $\Delta_{n-1}=0$，即有：

$$nq - (n-1)K_{ss}q = 0 \tag{2-4}$$

松动椭球体停止扩展后，放出椭球体 q 所留下的空间，被移动带内散体的二次松散膨胀的体积所补充，即有：

$$(n-1)K_{ss}q = nq \tag{2-5}$$

若取放出的延续时间 t 为单位时间，则 $Q=q$，此时，

$$(n-1)K_{ss}Q = nQ \tag{2-6}$$

式中　Q——放出椭球体积，$\mathrm{m^3}$；

　　　nQ——放出散体 Q 以后的最终松动椭球体体积 Q_s，$\mathrm{m^3}$。

将式(2-6)展开化简得，

$$Q_s = \frac{K_{ss}}{K_{ss}-1}Q \tag{2-7}$$

式中　K_{ss}——二次松散系数。

对于一般的坚硬矿石，可取 $K_{ss}=1.06\sim1.10$。

在此情况下，有：

$$Q_s = (11 \sim 18)Q \tag{2-8}$$

放出椭球体 Q 的体积可用下式计算：

$$Q = \frac{\pi}{6}h^3(1-\varepsilon^2) + \frac{\pi}{2}hr^2$$

根据式(2-8)中松动椭球体与放出椭球体高度关系，可得：

$$Q_s = 15\left[\frac{\pi}{6}h^3(1-\varepsilon^2) + \frac{\pi}{2}hr^2\right] \tag{2-9}$$

因为

$$Q_s \approx \frac{\pi}{6}(1-\varepsilon_s^2)H_s^3 \tag{2-10}$$

式中　$Q_s=15Q$；

　　　ε_s——松动椭球体的偏心率；

　　　H_s——松动椭球体高，m。

于是得：

$$H_s = \sqrt[3]{\frac{6Q_s}{\pi(1-\varepsilon_s^2)}} \tag{2-11}$$

同时，近似取

$$Q_s \approx \frac{\pi}{6}h^3(1-\varepsilon^2) \tag{2-12}$$

则有：

$$Q_s = 15Q = 15\left[\frac{\pi}{6}h^3(1-\varepsilon^2)\right] \tag{2-13}$$

将式(2-13)代入式(2-11)得：

$$H_s = 2.46h\sqrt[3]{\frac{1-\varepsilon^2}{1-\varepsilon_s^2}} \tag{2-14}$$

再将 $\sqrt[3]{\dfrac{1-\varepsilon^2}{1-\varepsilon_s^2}}$ 近似地取作 1,得:

$$H_s = 2.46h \tag{2-15}$$

由以上所述可以得出:松动椭球体高度为放出椭球体高度的 2.46 倍,松动椭球体与放出椭球体在体积和高度上的数量关系与松散系数有关。当在顶煤的底部打开放煤口时,放煤口上部移动范围内的顶煤将会移动。但无论如何放出顶煤,甚至将放煤口上部放空,放煤口周围移动范围外的顶煤仍然不动。当顶煤移动时,在顶煤中存在一个静止的移动边界。边界内的顶煤移动,边界外的顶煤静止不动。对于单放煤口放煤时移动边界范围的确定,可借鉴单放煤口理论中的放出漏斗母线半径方程进行求解。放煤漏斗半径 R 由式(2-2)求得。其中松动椭球体高度 H_s 可由式(2-15)求得。联立式(2-2)、式(2-15)可得漏斗半径 R 的求解公式为:

$$R = 1.21h\sqrt{1-\varepsilon_s^2} \tag{2-16}$$

近似取松动椭球体偏心率与放出椭球体偏心率相等,即 $\varepsilon_s = \varepsilon$。根据放矿理论,放出的矿石是从近似椭球体形状的体积中冒落出来的,放出体原来所占的空间为一个旋转椭球体。据生产实践表明,放出椭球体的短轴长 b 与长轴长 a 的关系为:

$$b = (0.25 \sim 0.30)a \tag{2-17}$$

放出椭球体偏心率 ε 计算公式如下:

$$\varepsilon = \frac{\sqrt{a^2-b^2}}{a} \tag{2-18}$$

将式(2-17)、式(2-18)带入式(2-16),可得单放煤口放煤漏斗半径 R 计算公式为:

$$R = 1.21h\sqrt{1-\varepsilon_s^2} = (0.30 \sim 0.36)h \tag{2-19}$$

式(2-19)是按照坐标原点为顶煤放出口得出的结果。在实际放煤中,放煤口是一个宽度为 l 的放出口。因此,实际放煤过程中的放煤漏斗半径 R 应该加上放煤口宽度的一半。在实际放煤中,单放煤口放煤漏斗半径 R' 计算公式为:

$$R' = (0.30 \sim 0.36)h + 0.5l \tag{2-20}$$

2.2.3 起始放煤方法理论计算法

设起始放煤过程中,各放煤口宽度为 l,顶煤高度为 h,关闭第 n 个放煤口的时间为 t_1,关闭第 $(n-1)$ 个放煤口与关闭第 n 个放煤口之间的时间差为 t_2,关闭第 $(n-2)$ 个放煤口与关闭第 $(n-1)$ 个放煤口之间的时间差为 t_3……关闭第 1 个放煤口与关闭第 2 个放煤口之间的时间差为 t_n。以矸石到达各放煤口中线与预期煤岩分界面交点处为标准,来控制每个放煤口上方顶煤运动。设各放煤口上方的煤岩分界面在其中线上的下降速度为 v,在每个时间段 t 内的平均速度记为 $\bar{v}$。为了便于区分不同位置的放煤口上方的煤岩分界面下降速度,用 $\bar{V}^n$ 表示第 n 个放煤口上方的煤岩分界面平均下降速度,用 $\overline{v_x^n}$ 表示第 n 个放煤口上方的煤岩分界面在 t_x 时间段内的平均下降速度,用 h_n 表示第 n 个放煤口上方煤岩分界面在其中线上的下降位移量大小。设当有 $(x-1)$ 个放煤口同时放煤时,第 n 个放煤口上方的煤岩分界面不再发生移动,则第 n 个放煤口上方的煤岩分界面发生移动的最后一个时间段为 t_x。不同时刻各放煤口上方的煤岩分界面形态如图 2-7 所示。以第 n 个放煤口为例说明,第 n 个放煤口的中线与初始煤岩分界面交点设为 P_0,与预期煤岩分界面交点设为 P_x,开启第 n 个放煤口的时间为t_1,设第n个放煤口中线与煤岩分界面交点在t_1时间段内由P_0点下降到P_1点,关闭第$(n-1)$个放煤口与关闭第n个放煤口之间的时间差为t_2,设第n个放煤口中线与煤岩分界面交点在t_2时间段内由P_1点下降到P_2点⋯⋯关闭第x个放煤口与关闭第$(x+1)$个放煤口之间的时间差为t_x,设第n个放煤口中线与煤岩分界面交点在t_x时间段内由$P_{(x-1)}$点下降到P_x点,P_x点为第n个放煤口中线与预期煤岩分界面的交点位置,此时关闭第x个放煤口,保持$(x-1)$个放煤口同时放煤,第n个放煤口上方的顶煤不再发生移动。按照这种方法,依次对起始放煤过程中各个放煤口的顶煤放出量进行控制。

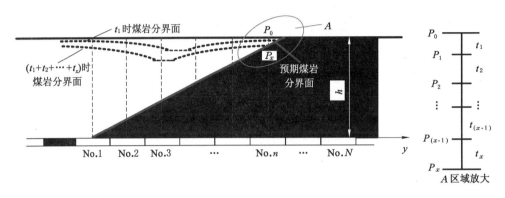

图 2-7　起始放煤过程中不同时刻煤岩分界面示意图

根据各个放煤口上方煤岩分界面的下降高度、下降平均速度$\overline{v}$以及时间t,可以得到方程式组(2-21)。方程式左边是放煤口上方煤岩分界面在各个时间段内的位移之和,方程式右边是放煤口上方煤岩分界面达到预期煤岩分界面需要的总下降量。通过对n个方程中的n个时间t进行求解,即可得到各放煤口放煤过程中关闭相邻两个放煤口的时间差t_x。其具体求解过程如下所述。

$$\overline{v_1^n}t_1 + \overline{v_2^n}t_2 + \cdots \overline{v_x^n}t_x = h_n$$
$$\overline{v_1^{n-1}}t_1 + \overline{v_2^{n-1}}t_2 + \cdots \overline{v_{x+1}^{n-1}}t_{x+1} = h_{n-1}$$
$$\overline{v_1^{n-2}}t_1 + \overline{v_2^{n-2}}t_2 + \cdots \overline{v_{x+2}^{n-2}}t_{x+2} = h_{n-2}$$
$$\cdots$$
$$\overline{v_1^1}t_1 + \overline{v_2^1}t_2 + \cdots \overline{v_n^1}t_n = h_1 \tag{2-21}$$

根据放煤口放煤过程中的移动边界计算公式,对方程式中的x值进行估算求解。根据设定,当第1、2、3⋯$(x-1)$个放煤口同时放煤时,对第n个放煤口中线上的煤岩分界面没有影响;当第1、2、3⋯x个放煤口同时放煤时,对第n个放煤口中线上的煤岩分界面有影响;当同时放煤的放煤口数量为x时,对第n个放煤口中线上的煤岩分界面有影响。此时第n个放煤口的中线距离$x/2$放煤口处的水平距离为$(nl-0.5l-0.5xl)$,并且满足式(2-22):

$$nl - 0.5l - 0.5xl < 0.5xl + (0.30 \sim 0.36)h \tag{2-22}$$

当同时放煤的放煤口数量为$(x-1)$时,此时放煤,对第n个放煤口中线上的煤岩分界面没有影响,此时第n个放煤口的中线距离$(x-1)/2$放煤口处的水平距离为$[nl-0.5l-0.5(x-1)l]$,并且满足式(2-23):

$$nl - 0.5l - 0.5(x-1)l > 0.5(x-1)l + (0.30 \sim 0.36)h \tag{2-23}$$

联立式(2-22)和式(2-23)得：

$$0.5xl - l + (0.30 \sim 0.36)h < nl - 0.5l - 0.5xl < 0.5xl + (0.30 \sim 0.36)h$$

$$(2-24)$$

化简后得：

$$(0.30 \sim 0.36)h - l < nl - 0.5l - xl < (0.30 \sim 0.36)h \qquad (2-25)$$

解不等式得：

$$n - 0.5 - \frac{(0.30 \sim 0.36)h}{l} < x < n + 0.5 - \frac{(0.30 \sim 0.36)h}{l} \qquad (2-26)$$

对于求得的 x 值，取与 x 值最接近的整数值。第 x 个放煤口的关闭是第 n 个放煤口中线上方煤岩分界面稳定的标志。

式(2-21)右侧各放煤口上方煤岩分界面的总下降量 h_x，可根据放煤口的位置与预期煤岩分界面的相对位置，进行等比例换算。其换算结果如下：

$$h_n = h - \frac{nl - 0.5l}{nl}h = \frac{1}{2n}h$$

$$h_{n-1} = \frac{3}{2n}h$$

$$h_{n-2} = \frac{5}{2n}h$$

$$\cdots$$

$$h_3 = \frac{2n - 5}{2n}h$$

$$h_2 = \frac{2n - 3}{2n}h$$

$$h_1 = \frac{2n - 1}{2n}h \qquad (2-27)$$

对于各放煤口上方煤岩分界面的下降速度的求解，需要借助于理想散体和实际散体的速度方程推导。其具体求解过程如下所述。

（1）理想散体的垂直下移速度方程

相关研究表明，单放煤口放煤的顶煤放出体是一个旋转的类椭球体，颗粒只有向下移动和水平径向移动。设放出体体积 Q_f 被放出时，Q_0 表面上的颗粒点 $A(X_0, Y_0, Z_0)$ 移动到 Q 表面上 $A'(X, Y, Z)$ 处。根据理想散体的移动过渡方程和放出量关系有：

$$Q_f = Q_0 - Q \qquad (2-28)$$

散体放出前，散体场中的密度各处都相同，也不随时间而变化，即密度场是均匀场、定常场。设此时密度为 ρ_a（称为初始密度），设放出散体的密度为 ρ_0（称为放出的散体密度），设放出体积为 Q'_f。

根据质量守恒定律可得：

$$\rho_a Q_f = \rho_0 Q'_f \qquad (2-29)$$

即

$$\rho_a qt = \rho_0 q_0 t \qquad (2-30)$$

式中　q——单位时间的放出体体积（放出体形状中放出的体积，是原位置中的体积），m^3；

　　　q_0——单位时间的放出体积，m^3；

$$Q'_f = q_0 t$$

由式(2-29)、式(2-30)可得:

$$Q_f = qt \tag{2-31}$$

移动体体积 Q 的函数可由类椭球体放矿理论体积方程得到,即:

$$Q = \frac{\pi K X^{n+1}}{(n+1)(m+1)\left(1 - \dfrac{Y^2 + Z^2}{K X^n}\right)^m} \tag{2-32}$$

将式(2-29)和式(2-32)代入式(2-28)得:

$$qt = \frac{\pi K X_0^{n+1}}{(n+1)(m+1)\left(1 - \dfrac{Y_0^2 + Z_0^2}{K X_0^n}\right)^m} - \frac{\pi K X^{n+1}}{(n+1)(m+1)\left(1 - \dfrac{Y^2 + Z^2}{K X^n}\right)^m} \tag{2-33}$$

散体颗粒点在移动过程中有 $Y^2 + Z^2 = \dfrac{Y_0^2 + Z_0^2}{K X_0^n} X^n$,故:

$$qt = \frac{\pi K X_0^{n+1}}{(n+1)(m+1)\left(1 - \dfrac{Y_0^2 + Z_0^2}{K X_0^n}\right)^m} - \frac{\pi K X^{n+1}}{(n+1)(m+1)\left(1 - \dfrac{Y_0^2 + Z_0^2}{K X_0^n}\right)^m} \tag{2-34}$$

对式(2-34)两端取微分得:

$$q\,\mathrm{d}t = - \frac{\pi K X^{n+1}}{(m+1)\left(1 - \dfrac{Y_0^2 + Z_0^2}{K X_0^n}\right)^m}\,\mathrm{d}x \tag{2-35}$$

变换整理后得:

$$v_x = -\frac{(m+1)q\left(1 - \dfrac{Y^2 + Z^2}{K X^n}\right)^m}{\pi K X^n} \tag{2-36}$$

式中　v_x——垂直下移速度,$v_x = \dfrac{\mathrm{d}x}{\mathrm{d}t}$,m/s;

　　　R——径向坐标值,$R^2 = Y^2 + Z^2$,m;

　　　X,Y,Z——移动场空间中某点的坐标值,m;

　　　K,n,m——实验常数,与放出条件和物料性质有关,K 称为移动边界系数,n 称为移动迹线系数,m 称为速度分布指数。

式(2-36)为理想散体的垂直下移速度方程。负号表明当 $\mathrm{d}t$ 为正值时,$\mathrm{d}x$ 为负值,即理想散体下移速度方向指向原点,Y 和 Z 的取值范围应满足 $0 \leqslant Y^2 + Z^2 \leqslant K X^n$。

当 $Y^2 + Z^2 > K X^n$ 时,式(2-36)失去意义,因为该点在移动带外,始终处于静止状态,即 $v_x = 0$。由式(2-36)可知,理想散体的垂直下移速度与散体性质及放出条件有关,且是空间坐标的函数,但与时间无关。

(2) 实际散体的垂直下移速度方程

为研究方便,与建立理想散体的速度方程一样,以散体移动场为研究对象。对于理想散体,移动场中其垂直下移速度方程为式(2-36)。对于实际散体,移动场中其垂直下移速度方程为:

$$v'_x = \beta v_x \tag{2-37}$$

式中　v'_x——实际散体的垂直下移速度,m/s;

　　　β——速度阻滞系数,是移动过程中密度逐渐变小而引起的速度减小指数。

松动放出体体积 Q_s 与放出体体积 Q_f 之比称为松动范围系数 C。其公式为：

$$C = \frac{Q_s}{Q_f} \tag{2-38}$$

试验表明,松动范围系数 C 是一个与放出条件和散体性质相关的试验常数,可近似取 15。

据此有：

$$Q_s = CQ_f = Cqt = C\frac{\rho_0 q_0}{\rho_a}t \tag{2-39}$$

β 可由下式(2-40)求解,并将 Q、Q_s 值代入得：

$$\beta = 1 - \frac{Q}{Q_s} = 1 - \frac{\pi \rho_a K X^{n+1}}{(n+1)(m+1)\left(1 - \dfrac{Y^2 + Z^2}{K X^n}\right)^m c \rho_0 q_0 t} \tag{2-40}$$

根据式(2-36)和式(2-40)得：

$$v'_x = -\frac{(m+1)q\left(1 - \dfrac{Y^2 + Z^2}{K X^n}\right)^m}{\pi K X^n}\left[1 - \frac{\pi \rho_a K X^{n+1}}{(n+1)(m+1)\left(1 - \dfrac{Y^2 + Z^2}{K X^n}\right)^m c \rho_0 q_0 t}\right]$$

$$\tag{2-41}$$

式中,初始时间 t 为散体从开始放出到所研究的颗粒开始发生移动时的总时间,可由放出椭球体体积 Q_f 求得。

将式(2-41)化简得：

$$v'_x = -\frac{(m+1)q\left(1 - \dfrac{Y^2 + Z^2}{K X^n}\right)^m}{\pi K X^n} + \frac{Q o_a X}{(n+1)c\rho_0 q_0 t} \tag{2-42}$$

式(2-41)、式(2-42)为实际散体的垂直下移速度方程。由式(2-41)知,实际散体的垂直下移速度与散体性质和放出条件有关,且是空间坐标和时间的函数。

已知 $C = \dfrac{\eta}{\eta - 1}$($\eta$ 为散体的松散系数),代入式(2-42)得：

$$v'_x = -\frac{(m+1)q}{\pi K X^n}\left(1 - \frac{Y^2 + Z^2}{K X^n}\right)^m + \frac{(\eta - 1)\rho_a q X}{(n+1)\eta \rho_0 q_0 t} \tag{2-43}$$

式(2-43)为实际散体的垂直下移速度方程。当 $\eta = 1$ 时,实际散体的垂直下移速度方程变为理想散体的垂直下移速度方程。

在求解关闭相邻两个放煤口之间的时间差 t_x 时,参照的是放煤口中线上的煤岩分界面垂直下降速度,与煤岩分界面的水平移动速度无关。因为不是研究某一个颗粒的运动速度,所以仅考虑放煤口中线与煤岩分界面交点处的颗粒垂直下降速度。按照式(2-43),将 K、m、n、η、ρ_a、ρ_0、q、q_0,以及颗粒坐标代入,可计算方程式组(2-21)中的煤岩界面下降速度,进而对方程组中的 n 个时间段进行求解。

根据求解出的各个 t_x 值,设第 n 个放煤口总的放煤时间为 T_n,第 $(n-1)$ 个放煤口总的放煤时间为 $T_{(n-1)}$……第 1 个放煤口总的放煤时间为 T_1,则各个放煤口开启的时间 T 可用下式表示：

$$T_n = t_1$$
$$T_{n-1} = t_1 + t_2$$

$$T_{n-2} = t_1 + t_2 + t_3$$
$$\cdots$$
$$T_3 = t_1 + t_2 + \cdots + t_{n-2}$$
$$T_2 = t_1 + t_2 + \cdots + t_{n-1}$$
$$T_1 = t_1 + t_2 + \cdots + t_n \tag{2-44}$$

根据求得的各个放煤口开启的时间 T,可以对多放煤口起始放煤过程中各个放煤口的放煤时间进行精确的控制,以期达到在起始放煤过程结束后,能够形成一近似倾斜直线的煤岩分界面。

2.2.4 起始放煤方法估算法

在起始放煤方式的理论计算法中,煤岩分界面的下降速度求解过程复杂,需要利用计算机迭代近似求解,不易算出结果。为了简化计算,可以根据放矿理论中的颗粒移动方程,估算起始放煤过程中各个放煤口开启的时间 T。其具体计算过程如下所述。

由类椭球体放矿理论知:

$$Q = \frac{\pi K X^{n+1}}{(n+1)(m+1)\left(1 - \dfrac{R^2}{KX^n}\right)} \tag{2-45}$$

$$Q_f = qt = \frac{\rho_0}{\rho_a} q_0 t \tag{2-46}$$

$$\frac{R^2}{X^n} = \frac{R_0^2}{X_0^n} \tag{2-47}$$

式中　Q——放出散体 Q_f 时,颗粒 A 移动到达的位置(坐标设为 X、R)相应的移动体体积,m^3;

　　　Q_f——放出时间 t 秒末放出的放出体体积,m^3。

类椭球体放矿理论实际散体的移动过渡方程为:

$$Q = \frac{c}{\alpha}\left[\left(\frac{Q_0}{Q_f}\right)^{\frac{\alpha}{1+\alpha}} - 1\right]Q_f \tag{2-48}$$

式中　α——密度变化常数,其值是与静止密度 ρ_a 和放出密度 ρ_0 有关的常数。

$$Q_0 = \left(1 + \alpha\frac{Q}{CQ_f}\right)^{\frac{1+\alpha}{\alpha}}Q_f \tag{2-49}$$

式中　Q_0——移动前坐标 X_0、R_0 的颗粒 A 相应的移动体(放出体)体积,m^3。

将 Q、Q_f、Q_0 值代入式(2-48)得:

$$\frac{\pi K X^{n+1}}{(n+1)(m+2)\left(1-\dfrac{R^2}{KX^n}\right)^m} = \frac{c}{\alpha}\left\{\left[\frac{\rho_a \pi K X_0^{n+1}}{(n+1)(m+1)\left(1-\dfrac{R_0^2}{KX_0^n}\right)^m \rho_0 q_0 t}\right]^{\frac{\alpha}{1+\alpha}} - 1\right\}\frac{\rho_0}{\rho_a}q_0 t \tag{2-50}$$

化简后得:

$$X^{n+1} = \frac{(1+\alpha)(n+1)(m+1)}{\alpha\pi K}\left\{\left[\frac{(1+\alpha)^{\frac{1}{\alpha}}\pi K X_0^{n+1}}{(n+1)(m+1)\left(1-\dfrac{R_0^2}{KX_0^n}\right)^m q_0 t}\right]^{\frac{\alpha}{1+\alpha}} - 1\right\}q_0 \tag{2-51}$$

$$t = \cfrac{\alpha \pi K X^{n+1}}{(1+\alpha)(n+1)(m+1)\left(1-\cfrac{R_0^2}{KX_0^n}\right)^m \left\{\left[\cfrac{(1+\alpha)^{\frac{1}{\alpha}}\pi K X_0^{n+1}}{(n+1)(m+1)\left(1-\cfrac{R_0^2}{KX_0^n}\right)^m q_0 t}\right]^{\frac{\alpha}{1+\alpha}}-1\right\} q_0}$$

(2-52)

式(2-52)是根据实际散体的移动方程,推导出来的移动散体在由点$(X_0$、$R_0)$移动到点$(X$、$R)$所需要时间t的求解公式。将已知的K、m、n、α、q_0、X_0、R_0、X、R直接代入式(2-52)中,即可求解t值。式中的X_0、R_0、X、R可根据放煤口中线与煤岩分界面交点处的坐标确定。但是由于式(2-52)中X_0、R_0、X、R值大小都与开启的放煤口数量和位置有关,而放煤口数量和位置是一直变化的,因此要想用此方法进行求解时间t,必须对计算参数进行简化处理。将每个放煤口中线上方颗粒整个移动过程中的放煤口数量,近似为一个平均的放煤口数量N_n进行计算。其计算公式如下:

$$N_n^n = \frac{n+(n-1)+(n-2)+\cdots+x}{n-x+1}$$

$$N_n^{n-1} = \frac{n+(n-1)+(n-2)+\cdots+(x-1)}{n-x+2}$$

$$N_n^{n-2} = \frac{n+(n-1)+(n-2)+\cdots+(x-2)}{n-x+3}$$

$$\cdots$$

$$N_n^3 = \frac{n+(n-1)+(n-2)+\cdots+3}{n-2}$$

$$N_n^2 = \frac{n+(n-1)+(n-2)+\cdots+2}{n-1}$$

$$N_n^1 = \frac{n+(n-1)+(n-2)+\cdots+1}{n}$$

(2-53)

用式(2-26)求解式(2-53)中的x值。根据估算的N_n值,可以得到每个放煤口中线与煤岩分界面起始交点处的X_0、R_0值,再根据放煤口中线与预期煤岩分界面交点处的X、R值,估算出每个放煤口中线上的煤岩分界面从最初状态运动到预期煤岩分界面所需要的总时间,从而直接得到了每个放煤口开启的总时间。根据估算法求得的各个放煤口的开启总时间T,对起始放煤过程中各个放煤口放煤时间进行协调控制。

2.3　中间放煤过程研究

2.3.1　中间放煤方法研究

在多放煤口放煤过程中,起始放煤结束之后,最后一个n个放煤口放煤之前的放煤过程称为多放煤口放煤的中间放煤过程。中间放煤过程比起始放煤过程简单。中间放煤是在顶煤形成一个近似倾斜直线的煤岩分界面之后,按照见矸关门的原则,依次打开还未放煤的放煤口进行放煤。当多放煤口中开启时间最长的放煤口见矸时,关闭该放煤口,打开紧邻的未放煤的放煤口继续进行多放煤口放煤。如图 2-2 所示,当第 1 个放煤口见矸时,打开第$(n+1)$个放煤口;当第 2 个放煤口见矸时,打开第$(n+2)$个放煤口;始终保持n个放煤口同时连续放煤;按照这种放煤方式,依次对工作面末放煤的放煤口进行放煤,直到打开第$(N-n-1)$个放煤口进行放煤,多放煤口放煤的中间放煤过程结束。

2.3.2 顶煤放出量分析

不考虑顶煤放出过程中的顶煤损失,在多放煤口放煤过程中单次放出(关闭相邻两个放煤口之间的时间段内回收的顶煤量)的顶煤区域体积,在理论上与在单放煤口放煤过程中平均每个放煤口的放出区域体积相等。其证明过程如下所述。

如图2-8所示,单放煤口放煤的顶煤放出区域如图中虚线线框所标示。不考虑顶煤边界放出区域的微小影响,则在单放煤口放煤条件下平均每个放煤口的顶煤放出区域体积为(工作面推进方向的厚度视为单位1,放煤口宽度为l):

$$V_1 = V_2 = V_3 = \cdots = V_n = lh \tag{2-54}$$

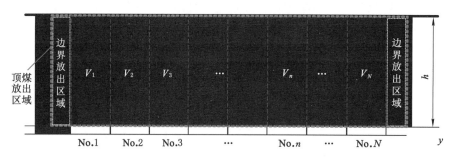

图 2-8 单放煤口放煤单个放煤口顶煤放出量示意图

在多放煤口中间放煤过程中,单次顶煤放出区域体积是关闭相邻两个放煤口之间的时间段内回收的顶煤区域体积,如图2-9中阴影部分所示。在T_x与$T_{(x+1)}$时刻的两个煤岩分界面之间的顶煤区域体积,也就是求得在$t_{(x+1)}$时间段内n个放煤口放出的顶煤总区域体积之和。根据图2-9中的几何关系可以得到:

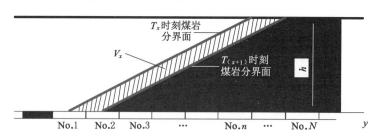

图 2-9 多放煤口放煤过程中单次顶煤放出量示意图

$$V_x = lh \tag{2-55}$$

式(2-55)与式(2-54)中的计算结果相等。这证明了多放煤口中间放煤过程中单次放出的顶煤区域体积与单放煤口放煤过程中平均每个放煤口的顶煤放出区域体积相等。虽然两种放煤方式的单次顶煤放出区域体积相等,但是放煤时开启的放煤口数量不同。这致使两种放煤方式的放煤效率不同。

2.3.3　顶煤放出口放出速度分布

如图 2-10 所示,以顶煤放出口中心线为 x 轴,放出口水平线为 y 轴。设顶煤实际放出口半径为 r。根据理想散体的移动边界方程,可求得实际放出口水平坐标值 X 为:

$$X = \sqrt[n]{\frac{r^2}{K}} \tag{2-56}$$

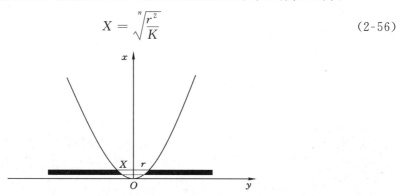

图 2-10　放出口与移动边界关系

当放出口半径为 r 时,将放出口水平的坐标值 X 代入式(2-42)得实际放出口的顶煤垂直下移速度 v'_x 为:

$$v'_x = -\frac{(m+1)q(1-\frac{R^2}{r^2})m}{\pi r^2} + \frac{\rho_a q\left(\frac{r^2}{K}\right)^{\frac{1}{n}}}{(n+1)C\rho_0 q_0 t} \tag{2-57}$$

根据式(2-57),可以证明在 K、m、n、ρ_a、ρ_0、q_0、q 确定的条件下,顶煤的垂直下移速度 v'_x 与放煤口半径 r 成正比(即放煤口半径越大,顶煤的垂直下移速度越大)。多放煤口放煤方式与单放煤口放煤方式相比,增加了一次开启的放煤口数量,增大了放煤口宽度,致使顶煤的冒落速度比单放煤口的大。因此,多放煤口放煤方式的放煤效率相对于单放煤口放煤方式的放煤效率有了较大的提高。这两种放煤方式的放煤效率差异将在第 3 章的数值模拟中具体说明。

2.3.4　煤岩分界面特征分析

在多放煤口放煤过程中,以一定的时间先后顺序开启各个放煤口,各个放煤口上方的顶煤松动程度不均一。放煤时间长的放煤口上方顶煤松动时间长,顶煤颗粒松散程度大,在冒落过程中各颗粒相互间的挤压力和摩擦力相对较小,颗粒冒落速度快;放煤时间短的放煤口上方的顶煤松散程度相对较小,在冒落过程中各颗粒相互挤压力和摩擦力相对较大,不利于顶煤的冒落,颗粒冒落速度相对较慢。在多放煤口中间放煤过程中同一组多放煤口时,序号小的比序号大的放煤口上方的顶煤冒落速度快;序号小的放煤口在见矸关闭时,临近的放煤口煤岩分界面还没有到达预期煤岩分界面位置,使临近放煤口的煤岩分界面位置比预期煤岩分界面位置高,煤岩分界面在底部形成一个类似勾形的"回勾"形状,如图 2-11 所示。并且这种"回勾"程度随着放煤的进行,逐步增加。放煤的架次越多,煤岩分界面底部的"回勾"程度越大,如图 2-11(a)、(b)、(c)所示。煤岩分界面底部的"回勾"程度与同时打开的放煤口数量和顶煤厚度有一定的关系。当同时打开的放煤口数量增加时,可以减小相邻两个放煤口上方的顶煤松散程度差异,减弱煤岩分界面底部的"回勾"程度,使其更接近于预期煤岩分界面。当顶煤厚度增加时,顶煤需要的冒落时间增加,相邻两个放煤口的放煤时间差也增加,相邻两个放煤口上方的顶煤松散程度差异也增加,煤岩分界面底部的"回勾"程度增强。因此,多放煤口中间放煤过程中出现的煤岩分界面底部"回勾"程度,在同一放煤过程中随放煤的进行而增强,随同时打开的放煤口数量增多而减弱,并且随顶煤厚度的增加而增强。这种现象将在第 3 章相关数值模拟中将做进一步的讨论。

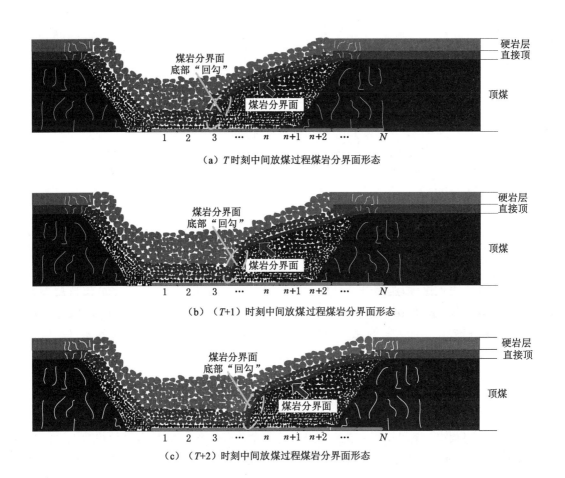

（a）T 时刻中间放煤过程煤岩分界面形态

（b）（T+1）时刻中间放煤过程煤岩分界面形态

（c）（T+2）时刻中间放煤过程煤岩分界面形态

图 2-11　中间放煤过程中不同时刻的煤岩分界面形态

2.4　末端放煤过程研究

在多放煤口放煤过程中,中间放煤之后,最后一个 n 个放煤口的放煤过程称为多放煤口放煤的末端放煤过程。末端放煤是工作面多放煤口放煤的最后阶段。与起始放煤阶段和中间放煤阶段相比,末端放煤过程不再打开新的放煤口,并且逐步减少同时放煤的放煤口数量(到 1 为止)。当放煤进行到最后一个 n 个放煤口时,按照见矸关门的原则,在第 $(N-n+1)$ 个放煤口见矸时,关闭该放煤口,保持 $(n-1)$ 个放煤口连续放煤;当第 $(N-n+2)$ 个放煤口见矸,关闭该放煤口,保持 $(n-2)$ 个放煤口同时放煤;直至仅有第 N 个放煤口放煤,第 N 个放煤口的关闭,标志着末端放煤过程的结束,也是整个综放工作面该轮顶煤回收的结束。在末端放煤过程中,同时打开的放煤口数量逐次减少,顶煤冒落速度逐渐减小,放煤效率和顶煤回收率与中间放煤过程中的相比,均有所降低。

2.5　多放煤口协同放煤影响因素分析

在多放煤口放煤条件下放煤,除了考虑放煤方法上的可行性外,还需要考虑与工作面顶板的稳定性、后部刮板输送机的运输能力、工作面甲烷浓度、工作面粉尘浓度等限制性因素相协同。根据这几个主要影响因素对多放煤口放煤的制约因素和对多放煤口放煤条件下同时打开的放煤口数量进行优化。

2.5.1　顶板稳定性对协同放煤的制约

在单放煤口放煤条件下,综放工作面向前推进一个放煤步距打开放煤口放煤时,顶煤不断流入工作面,在支架后方和上方形成采空区,下位岩层在失去下方顶煤的支撑而破断、垮落充填采空区。由于顶煤的放出形成的采空区较大,下位岩层在上覆岩层强大作用力下不断向上垮落,直到冒落的下位岩层矸石基本充满采空区。这时能够形成某种力学结构稳定体的上位岩层的位置要比分层开采时老顶层位高,上覆岩体对煤体的合力作用点向煤壁前方转移,工作面前方煤体内的支承应力集中区离采场距离较远,如图 2-12 所示。在放顶煤工作面内上位硬岩层的作用力要通过直接顶和顶煤作用在支架上。由于顶煤的强度比直接顶的强度小,在上覆岩层的作用下,在顶煤内产生和发展的众多节理裂隙逐步将外力传递到更深处的工作面前方煤体内,从而减弱了对支架的传力,减缓了支架受力状态。

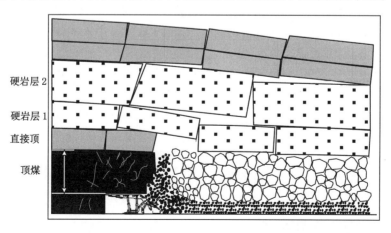

图 2-12　综放工作面顶板岩层破坏示意图

在多放煤口同时连续放煤条件下,顶煤冒落范围大,并且一次冒落顶煤量大,直接顶的垮落不足以充满采空区,下位硬岩层将与直接顶之间产生离层,在下位硬岩层与控顶区直接顶间形成较大的空间,下位硬岩层在其结构平衡失稳瞬间对直接顶可能产生冲击。其冲击力大小与失稳的下位硬岩层岩块质量及其上面的载荷、下位硬岩层与直接顶间的离层量以及直接顶的刚度等有关。为了简化老顶冲击载荷计算的复杂过程,不计失稳的下位硬岩层岩块的变形,且失稳的下位硬岩层岩块与直接顶接触后无回弹;不计直接顶的质量及在冲击过程中声、热等能量损耗。顶板岩层沿工作倾向方向上失稳时,作用在放煤支架上的冲击载荷 q_1 可用式(2-58)计算:

$$q_1 = \frac{L_1 h L_2 \rho_2 v}{nbL_k \Delta t} \tag{2-58}$$

式中　L_1——下位硬岩层沿工作面走向方向的破断距,m;

　　　　L_2——下位硬岩层沿工作面倾向方向的破断距,m;

　　　　h——下位硬岩层的厚度,m;

　　　　ρ_2——下位硬岩层的密度,kg/m³;

　　　　v——失稳岩块与支架接触发生冲击时的速度,m/s;

　　　　Δt——发生冲击接触作用的时间,s;

　　　　n——放煤口的数量;

　　　　b——支架宽度,m;

　　　　L_k——支架控顶距,m。

设工作面倾向方向上悬露的下位硬岩层破断距为 L_2。按照固支梁计算,其计算公式为:

$$L_2 = h\sqrt{\frac{2R_t}{q_2}} \tag{2-59}$$

式中　R_t——下位硬岩层的抗拉强度,MPa;

　　　　q_2——下位硬岩层上部载荷,MPa。

综放工作面的下位顶板一般比较破碎,顶板稳定性较差。在多放煤口放煤条件下,同时打开多个连续的放煤口放煤,顶煤冒落范围更大,更容易使工作面支架上方冒空,支架支护效果有所减弱。另外,邻近支架放煤,不可避免地会使放煤口两侧未放煤的支架受到较大的侧向力影响。在这种情况下,如果发生冲击载荷,就可能会带来工作面支架的失稳,不利于综放面顶板的控制。为了避免同时打开放煤口数量过多而导致顶煤大范围冒空,带来的顶板岩层沿工作面倾向方向上不稳定而造成的冲击载荷,要求同时打开的放煤口总长度 nb 小于下位硬岩层沿工作面倾向方向上的破断距 L_2。放煤口数量 n 应满足关系式(2-60)。

$$n < \frac{L_2}{b} = \frac{h\sqrt{\frac{2R_t}{q}}}{b} \tag{2-60}$$

2.5.2　甲烷浓度对协同放煤的制约

在多放煤口放煤条件下,工作面产量集中,甲烷涌出量瞬时变化大。特别是高瓦斯矿井或煤与瓦斯突出矿井,顶煤放落后,工作面极易造成甲烷浓度超限。为保证风流中瞬时甲烷浓度不超过相关规定,必须对多放煤口放煤过程中的放煤量进行控制。按照《煤矿安全规程》对煤矿井下采掘工作面回风巷风流中甲烷浓度不超过 1% 的规定,依据工作面的通风量以及煤炭相对甲烷涌出量等参数,估算工作面同时打开的放煤口数量的最大值。部分矿井实际生产中规定甲烷浓度不超过 0.8%。综放工作面单位时间煤炭产量与综放工作面甲烷浓度值之间的关系应满足下式:

$$\frac{K_w(Q_f+Q_c)q_w}{V_z} < q_0 \tag{2-61}$$

式中　K_w——综放工作面甲烷涌出不均匀的风量备用系数;

　　　Q_f——单位时间内顶煤回收量,t/min;

　　　Q_c——单位时间内采煤机割煤量,t/min;

　　　q_w——煤层单位时间内相对甲烷涌出量,t/min;

　　　V_z——综放工作面单位时间的通风量,m^3;

　　　q_0——甲烷浓度值。

在多放煤口放煤条件下,根据 2.3.2 节中的证明,关闭相邻两个放煤口之间放出的顶煤量为一确定值,则单位时间内的顶煤回收量,可用式(2-62)计算:

$$Q_f = \frac{bh_f L\rho_1}{t}\eta \tag{2-62}$$

式中　b——放煤支架宽度,m;

　　　h_f——放顶煤高度,m;

　　　L——放煤步距,m;

　　　ρ_1——顶煤的密度,t/m^3;

　　　η——顶煤回收率;

　　　t——多放煤口放煤中,关闭相邻两个放煤口的间隔时间,min。

2.5.3　后部刮板机输送能力对协同放煤的制约

综放工作面后部刮板输送机输送能力,对顶煤的单位时间放煤量也起到关键性的制约作用。在多放煤口放煤条件下,顶煤落煤范围大,放煤速度快,单位时间放煤量大,这对后部刮板输送机的运输能力提出了更高的要求。为保证后部刮板输送机的正常运行,需要对多放煤口放煤条件下同时打开的放煤口数量进行限定,以控制顶煤单位时间的放煤量。顶煤单位时间内的放煤量与后部刮板输送机的输送能力应满足式(2-63):

$$Q_s > 60K_f K_y Q_f(1+C_g) \tag{2-63}$$

式中　Q_s——后部刮板输送机的运输能力,t/h;

　　　K_f——放煤流量不均匀系数;

　　　K_y——后部刮板输送机运输方向及倾角对其工作效率的影响系数;

　　　C_g——顶煤回收含矸率。

2.5.4　粉尘浓度对协同放煤的制约

煤矿粉尘是煤尘、岩尘和其他有毒有害粉尘的总称。煤尘一般指粒径在 0.75～1.00 mm 以下的煤炭微粒。岩尘一般指粒径在 10～45 μm 以下的岩粉尘粒。我国对工作场所粉尘浓度规定如表 2-1 所示。

表 2-1　我国工作场所粉尘浓度标准

粉尘中游离 SiO_2 含量/%	最高容许浓度/(mg/m³)	
	总粉尘	呼吸性粉尘
<5	20.0	6.0
5~10	10.0	3.5
10~25	6.0	2.5
25~50	4.0	1.5
>50	2.0	1.0
<10 的水泥粉尘	6.0	

　　在多放煤口放煤条件下,同时打开放煤口数量多,顶煤单位时间内放煤量大,产尘强度高。煤在重力、阻力和流动空气的综合作用下,块煤大部分落入运输机内。细微尘粒则悬浮于空气中,并随风流方向传播。较粗的尘粒,扩散一定距离逐渐沉积下来。细微粉尘不能摆脱风流的控制,悬浮于工作面并随风流动,这造成大范围的粉尘污染。因此,粉尘浓度是制约综放工作面煤炭产量的另一个重要因素。

　　目前,广泛应用的降低井下矿尘浓度的主要措施之一是使用通风的方法将矿尘稀释排出。它是通过选择工作面通风系统和最佳通风参数以及安装简易的通风设施来实现的。另外,煤层预注水方法和工作面洒水喷雾降尘的方法对降低工作面粉尘浓度具有一定的效果。因此,在综放工作面多放煤口放煤条件下,可采取以上多项措施来降低在高强度的放煤环境下综放工作面的粉尘浓度,保证井下工人工作空间的煤尘含量在国家标准规定值以内。

　　在综放工作面多放煤口放煤过程中,同时打开连续的多个放煤口,放煤口宽度增大,顶煤松散和垮落范围扩大,顶煤冒落过程中容易形成较大块度的顶煤。大块度顶煤的直接冒落会对后部刮板输送机带来比较大的瞬时冲击载荷,这影响后部刮板输送机的正常工作,严重时会导致后部刮板输送机停机、断链等。为了防止在多放煤口放煤过程中出现大块顶煤的直接冒落,需要对同时打开放煤的液压支架后部尾梁进行控制和协调。在进行多放煤口放煤时,放煤液压支架后部尾梁连续上下摆动,相邻两架放煤液压支架后部尾梁进行错位摆动,大块顶煤在放煤液压支架后部尾梁来回摆动挤压的作用下破碎成小块顶煤,从而避免了大块顶煤直接冒落在后部刮板输送机,如图 2-13 所示。对于坚硬顶煤,仅靠放煤支架尾梁的摆动作用难以破碎大块坚硬的顶煤,因而需要在顶煤放出前首先对顶煤进行人工松动预裂处理,使大块顶煤在放出前被破碎。

2.5.6　多放煤口放煤对顶煤成拱的影响

　　在综放工作面单放煤口放煤过程中,放煤口上方顶煤容易成拱而堵塞放煤口,这导致顶煤无法放出,顶煤的回收率降低。在打开放煤口放煤之前,顶煤处于相对静止的状态。当打开放煤口放煤时,顶煤的静力平衡状态遭到破坏,在矿山压力和重力作用下顶煤经放煤口进入后部刮板输送机被运走。顶煤块体在冒落过程中会重新排列相对位置,以适应较小的放煤通道。在顶煤块体彼此相对移动和挤压的过程中,随之产生摩擦力;当块体之间的摩擦阻力大于其上方的散体煤岩体对其压力时,在放煤口垂直于工作面倾向方向上就会形成后

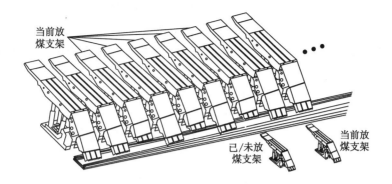

图 2-13　多放煤口放煤过程中放煤液压支架尾梁错位摆动示意图

拱脚(位于采空区后方垮落的煤岩体)、前拱脚[位于支架掩护梁(或尾梁)上的类似拱形桥结构的煤(岩)拱],在放煤口平行于工作面走向方向上就会形成拱脚[在放煤口两侧相邻的支架上部的煤(岩)拱],如图 2-14 所示。在多放煤口放煤条件下,增大了平行于工作面倾向方向上的放煤口尺寸,增大了放煤口的宽度,顶煤块体在冒落过程中相互挤压产生的摩擦力减小,放煤口上方不易形成煤(岩)拱,提高了放煤效率和顶煤回收率。

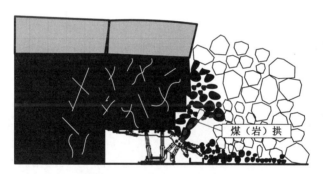

（a）工作面走向方向上放煤口上方煤（岩）拱示意图

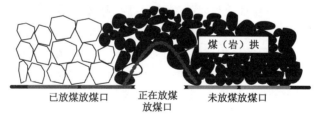

（b）工作面倾向方向上放煤口上方煤（岩）拱示意图

图 2-14　放煤口上方形成的煤(岩)拱示意图

2.5.7　多放煤口协同放煤计算实例

在同忻煤矿 8202 综放工作面开采 $3^{\#} \sim 5^{\#}$ 煤层。煤层赋存较稳定。煤层最大厚度为 28.92 m,最小厚度为 13.61 m,平均厚度为 15.26 m。8202 综放工作面相对甲烷涌出量为 0.43 t/min。该工作面甲烷浓度要求低于 0.8%。该工作面割煤高度为 3.9 m,平均放煤高度为 11.36 m。煤层直接顶为 3.8 m 厚的碳质泥岩和 2$^\#$ 煤;老顶为 17.1 m 厚的砂质泥岩,其抗拉强度为 2.3 MPa。计算得到老顶上覆载荷为 0.21 MPa。该工作面通风量为 2 820 m³/min。后部刮板输送机运输能力为 3 000 t/h。根据工作面顶板稳定性、甲烷浓度、后部刮板输送机运输能力和粉尘浓度等因素对放煤口数量的限定,可以计算出 8202 综放工作面在多放煤口协同放煤条件下的最大放煤口数量。

2.5.7.1 工作面顶板稳定性对协同放煤的制约

根据前面多放煤口放煤条件下工作面顶板稳定性的计算公式(2-60),可计算出最大放煤口数量 n 应满足:

$$n < \frac{h\sqrt{\frac{2R_t}{q}}}{b} = \frac{1.71\sqrt{\frac{2 \times 2.3}{0.21}}}{1.75} = 45.7$$

根据多放煤口放煤条件下,顶板岩层不发生因沿工作面倾向方向上失稳而产生冲击载荷的条件是:同时打开的放煤口数量不多于 45 架。

2.5.7.2 工作面甲烷浓度对协同放煤的制约

根据式(2-61),甲烷瓦斯浓度对最大放煤口数量 n 的限制。式(2-61)中,K_w 根据现场观测取 2.5,采煤机牵引速度为 2.0 m/min,采煤机截深为 0.8 m、采高为 3.9 m。据此可算出:

$$Q_c = 2.0 \times 3.9 \times 0.8 \times 1.39 = 8.67 \text{ t/min}$$

将通风量 2 820 m³/min,煤层相对甲烷涌出量 0.42 m³/t,工作面甲烷浓度 q_0 取 0.8%,顶煤回收率按照 0.85 代入式(2-62)可得,在多放煤口放煤条件下,关闭相邻两个放煤口间隔时间 t 应满足:

$$t > \frac{bh_f L\rho_1 \eta}{\frac{q_0 Q_z}{K_w q_w} - Q_c} = \frac{1.75 \times 11.36 \times 0.8 \times 1.39 \times 0.85}{\frac{0.008 \times 2\ 820}{2.5 \times 0.43} - 8.67} = 1.53 \text{ min}$$

根据工作面甲烷浓度的制约,在多放煤口放煤条件下,关闭相邻两个放煤口间隔时间应大于 1.53 min。同忻煤矿 8202 综放工作面目前采用的是三轮顺序放煤方式。前两轮放煤量较大,放煤时间长;第三轮放煤仅对个别架次进行补放。根据井下观测统计,在前两轮的放煤过程中,每个放煤支架的单轮放煤时间为 1~3 min,第三轮放煤时间大多在 1 min 以内,单个支架整个放煤过程的平均放煤时间为 4.5 min。在多放煤口放煤条件下,顶煤冒落速度与放煤口宽度有关,回收顶煤所需要的时间与顶煤冒落速度成反比。根据第 2.3.3 节中顶煤放出口速度求解公式,估算出同时打开的放煤口数量最大为 3。

2.5.7.3 工作面后部刮板机输送能力对协同放煤的制约

在多放煤口放煤条件下,后部刮板输送机的运输能力对同时打开的放煤口数量有着重要的限制作用。根据第 2.5.3 节的分析,将有关参数代入式(2-63)中。其中放煤流量不均匀系数取 1.2,后部刮板输送机运输方向及倾角对其工作效率的影响系数取 1,含矸率取值为 0,后部刮板输送机额定运输能力为 3 000 t/h。据此可得:

$$t > 60K_f K_y \frac{bh_f L\rho_1}{Q_s} \eta(1 + C_g)$$

$$= \frac{60 \times 1.2 \times 1.0 \times 1.75 \times 11.36 \times 0.8 \times 1.39 \times 0.85}{3\ 000} = 0.45 \text{ min}$$

在多放煤口放煤条件下,根据后部刮板输送机的运输能力,关闭相邻两个放煤口的间隔时间应大于 0.45 min。根据工作面甲烷浓度的要求,得出的关闭相邻两个放煤口的间隔时间应大于 1.53 min,此范围已包含根据刮板输送机运输能力计算的出的 0.45 min。据此得出同忻煤矿 8202 综放面在当前的生产条件下,能够开启的最多放煤口数量为 3。

2.5.7.4　工作面粉尘浓度对协同放煤的制约

综放面粉尘浓度的控制主要是采用通风、煤层预注水、喷雾等主动措施。对于多放煤口放煤条件下的防尘降尘,可以通过加强以上几项措施的综合运用,将工作面的粉尘浓度降到规定的范围内。因此,对于综放面粉尘浓度限制放煤口数量这一因素,主要取决于采取的防尘降尘措施的效果。同时打开的放煤口数量对粉尘浓度的影响,可以由采取不同的防尘降尘措施来抵消。

根据以上计算和分析可以得出,在多放煤口放煤条件下,工作面甲烷浓度以及工作面后部刮板输送机的运送能力对同时打开的放煤口数量都有较大的制约。虽然工作面顶板稳定性对放煤口数量的影响较小。但是同时打开多个连续的放煤口放煤,需要预防架间漏煤,做好架间的全封闭支护。因此,在多放煤口放煤条件下,同时打开的放煤口数量需要与工作面顶板控制、甲烷浓度的控制、刮板输送机运输能力以及粉尘浓度的控制紧密协同起来,并在合理的范围内加大工作面通风量,配备大功率强运输能力后部刮板输送机,强化工作面粉尘控制措施,增大可同时打开的放煤口数量,提高综放面放煤效率和顶煤回收率。

2.6　本章小结

本章介绍了综放面多放煤口协同放煤的含义;将多放煤口放煤过程分为起始放煤、中间放煤和末端放煤三个阶段,分别研究了这三个阶段的放煤方法和煤岩分界面特征;分析了综放工作面其他生产、安全等因素对协同放煤的限制,并进行了相关因素的优化。本章得出的主要结论如下所述。

(1) 根据工作面放煤口的顶煤放出规律,提出了"多放煤口同时开启逆次关闭"的多放煤口起始放煤方法。根据放煤口放煤的影响范围,以及顶煤冒落过程中的速度方程和顶煤颗粒移动方程,建立了多放煤口起始放煤方式的算法模型。

(2) 在多放煤口中间放煤过程中,单次放出的顶煤区域体积与单放煤口放煤过程中平均每个放煤口的放出区域体积相等。在多放煤口中间放煤过程中,由于各放煤口上方的顶煤松动程度不均一,煤岩分界面形态呈"回勾"状;顶煤冒落的垂直下移速度与放出口的宽度呈正相关。

(3) 综放面顶板稳定性、甲烷浓度、后部刮板输送机运输能力、粉尘浓度等是影响和限制多放煤口放煤条件下放煤口数量的主要因素。扩大综放工作面的断面面积,增大通风量,提高后部刮板输送机的输送能力等措施可有效增加同时打开的放煤口数量。

第3章　综放工作面不同放煤方法数值模拟

本章内容在第2章研究的多放煤口协同放煤方法的基础上,根据同煤集团同忻煤矿8202综放工作面煤层开采条件,采用数值模拟研究方法,建立沿工作面倾向方向和工作面走向方向的数值模拟模型,研究多放煤口不同放煤方式条件下的煤岩运动特征、顶煤成拱概率、顶煤回收率和放煤效率等,与单放煤口不同放煤条件下的放煤效果进行对比,并对综放工作面走向方向上不同顶煤厚度条件下的不同的放煤步距进行模拟和对比。

3.1　工　程　背　景

同忻煤矿8202综放工作面开采煤层为石炭系 3#~5# 煤层,煤层厚度 13.61~28.92 m,平均厚度 15.26 m,其中夹矸层累计厚度 1.96 m,煤层倾角 1°~2°,工作面采煤机割煤高度 3.9 m,平均放煤高度 11.36 m。煤层结构复杂,煤层内裂隙发育,煤层含夹矸层 8 层左右,夹矸层厚度最小 0.12 m,最大 0.35 m,平均 0.25 m。工作面老顶为厚度 17.1 m 的砂质泥岩,直接顶为厚度 3.8 m 的碳质泥岩,直接顶岩层为矸石层。直接底为厚度 2.0 m 的砂质泥岩,老底为厚度 3.4 m 的粉砂岩。

3.1.1　顶煤冒放性分析

顶煤冒放性是指顶煤体在矿山压力的作用下,其冒落与放出的难易程度。影响顶煤冒放性的自然因素主要有煤层强度、煤层夹矸、煤体节理裂隙发育程度等。根据顶煤冒放性的主要影响因素,对 3#~5# 煤层的冒放性进行分析。

(1)煤层强度

煤层强度是影响顶煤冒放性的关键因素。一般来说,软煤(普氏硬度系数 $f \leqslant 1$)最易冒落,冒落块度小,块径在 0.2~0.3 m 以下,冒放性好;中硬煤(普氏硬度系数 $f=1~2$)冒放性次之,冒落块径多为 0.3~0.6 m,少数可达 1.0 m,冒放性较好;硬煤(普氏硬度系数 $f > 2$)冒放性最差,冒落块径多为 1.0 m、大于 1.0 m 也较为常见,支架后部常有悬空的顶煤。同忻煤矿8202综放工作面所采 3#~5# 煤层普氏硬度系数 $f=1~2$,顶煤冒放性较好。

(2)煤层夹矸

同忻煤矿8202综放工作面 3#~5# 煤层共有夹矸 8 层,厚度 0.12~0.35 m,属中厚夹矸层。其岩性一般为碳质泥岩及高岭质泥岩,单轴抗压强度为 10.3~34.5 MPa,相当于中硬煤的强度,对顶煤冒放性影响不大。

(3)顶煤节理裂隙

根据同忻煤矿8202综放工作面地质报告提供的煤层节理、裂隙发育程度资料,3#~5#

煤层节理裂隙发育程度较好,顶煤冒放性较好。

根据同忻煤矿 8202 综放工作面直接顶、老顶以及开采深度和采放比等因素对顶煤冒放性影响的分析可以得出:该工作面的顶煤冒放性综合值为 0.789,属于冒放性较好顶煤。因此,在研究该工作面顶煤冒放规律中,可将顶煤简化为松散的颗粒进行模拟。

3.1.2　岩石物理力学参数测试

为获得同忻煤矿 8202 综放工作面煤层及顶板岩层岩石力学参数,给其数值模拟提供初始基础参数。在同忻煤矿 8202 综放工作面推进度为 1 123 m 处采集大块原煤、碳质泥岩和砂质泥岩样品(共计 126 kg),进行岩石力学参数测试试验。采集的部分试样如图 3-1 所示。

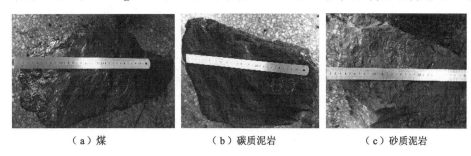

（a）煤　　　　　　　　（b）碳质泥岩　　　　　　　（c）砂质泥岩

图 3-1　采集的部分试样

采用美国进口的 GCTS 型钻石机、锯石机和磨石机加工样品。将岩样加工成 φ50 mm ×100 mm 和 φ50 mm×25 mm 标准圆柱体试样。分别进行单轴压缩、三轴压缩和巴西劈裂试验。每类试验试样数量均不少于 5 个。分别获取煤、碳质泥岩、砂质泥岩的抗压强度、泊松比、弹性模量、黏聚力、内摩擦角和抗拉强度。加工的部分标准试样如图 3-2 和图 3-3 所示。

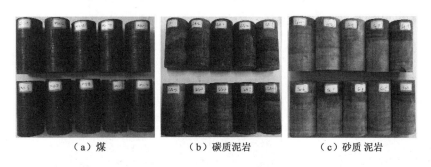

（a）煤　　　　　　　　（b）碳质泥岩　　　　　　　（c）砂质泥岩

图 3-2　单轴和三轴压缩试验样品

同忻煤矿 8202 综放工作面煤层及顶板岩层的岩石力学试验全部在中国科学院武汉岩土力学研究所研制的 RMT-150C 型力学试验机上进行。该试验机可以进行单轴压缩实验、三轴压缩试验、剪切试验和单轴间接拉伸实验。岩石力学参数测试设备及测试试验现场如图 3-4 和图 3-5 所示。

根据实验室岩石力学试验,分别得到同忻煤矿 8202 综放工作面煤及顶板岩层的容重、弹性模量、抗拉强度、泊松比、黏聚力和内摩擦等参数,如表 3-1 所示。

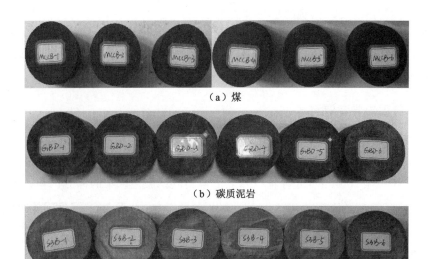

（a）煤

（b）碳质泥岩

（c）砂质泥岩

图 3-3　加工的部分巴西劈裂试验试样

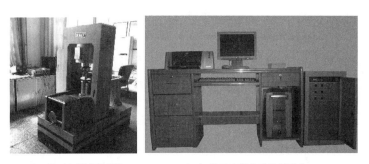

（a）岩石力学试验系统　　　　（b）岩石力学实验控制系统

图 3-4　岩石力学参数测试设备

（a）巴西劈裂试验现场　　（b）单轴压缩试验现场　　（c）三轴压缩 试验现场

图 3-5　实验室岩石力学参数测试试验现场

表 3-1　煤及顶板岩层力学参数测试结果

岩样	容重/(kN/m³)	弹性模量/GPa	抗拉强度/MPa	泊松比	黏聚力/MPa	内摩擦角/(°)
煤	13.4	2.8	0.5	0.34	6.5	28.6
碳质泥岩(矸石)	15.6	4.4	0.9	0.29	15.9	33.7
砂质泥岩	25.3	24.2	4.7	0.25	42.4	41.3

3.2　数值模拟软件介绍

采用 CDEM 软件模拟顶煤冒放规律。该软件由中国科学院力学研究所开发,可以实现块体有限元、离散元和颗粒离散元的耦合模拟计算。CDEM 软件中的颗粒流计算程序是通过模拟圆形离散颗粒介质运动及其相互之间的作用,来研究颗粒集合体的破裂和破裂发展问题以及大位移的颗粒流问题。CDEM 软件在颗粒流模拟中的控制原理简述如下。

(1)颗粒离散单元之间接触力的计算公式为:

$$F_n(t + \Delta t) = F_n(t) - K_n \Delta u_n \tag{3-1}$$

$$F_s(t + \Delta t) = F_s(t) - K_s \Delta u_s \tag{3-2}$$

式中　Δt——计算单元节点的时步;

　　　Δu_n——两个接相互触的颗粒离散元之间的法向位移的增量差值;

　　　Δu_s——两个接相互触的颗粒离散元之间的切向位移的增量差值。

(2)颗粒离散单元之间接触力矩的计算公式为:

$$M_n(t + \Delta t) = M_n(t) - K_s J \Delta \theta_n / A_c \tag{3-3}$$

$$M_s(t + \Delta t) = M_s(t) - K_s I \Delta \theta_s / A_c \tag{3-4}$$

式中　M_n——颗粒离散单元之间的扭矩;

　　　M_s——颗粒离散单元之间的弯矩;

　　　I——颗粒离散单元接触面之间的惯性矩;

　　　J——颗粒离散单元接触面之间的极惯性矩;

　　　$\Delta \theta_n$——颗粒离散单元之间的扭转的增量差;

　　　$\Delta \theta_s$——颗粒离散单元之间的弯曲转角的增量差。

其中,

$$J = \pi (R_1 + R_2)^4 / 32 \tag{3-5}$$

$$I = J/2 \tag{3-6}$$

(3)颗粒离散单元之间接触面积的计算公式为:

$$A_c = \min(2R_1, 2R_2) \tag{3-7}$$

式中　R_1——颗粒离散单元之间相互接触的颗粒单元 1 的半径值;

　　　R_2——颗粒离散单元之间相互接触的颗粒单元 2 的半径值。

(4)颗粒离散单元之间接触的刚度可根据相互接触颗粒的弹性模量和剪切模量来计算。相互接触颗粒离散元间的法向及切向刚度的计算公式为:

$$K_n = \overline{E} A_c / (R_1 + R_2) \tag{3-8}$$

$$K_s - \overline{G}A_c / (R_1 + R_2) \tag{3-9}$$

式中　K_n——相互接触颗粒离散元间的法向刚度；

　　　K_s——相互接触颗粒离散元间的切向刚度；

　　　$\overline{E}$——两个相互接触颗粒离散元的平均弹性模量；

　　　$\overline{G}$——两个相互接触颗粒离散元的剪切模量。

（5）颗粒离散单元上转矩的计算公式为：

$$\Delta d = (\boldsymbol{\omega}_1 \boldsymbol{r}_1 - \boldsymbol{\omega}_2 \boldsymbol{r}_2)\Delta t + (\boldsymbol{v}_1 - \boldsymbol{v}_2)\Delta t \tag{3-10}$$

式中　$\boldsymbol{\omega}_1$——颗粒离散单元 1 的转动角速度的向量；

　　　$\boldsymbol{\omega}_2$——颗粒离散单元 2 的转动角速度的向量；

　　　$\boldsymbol{r}_1$——颗粒离散单元 1 到接触点的相对位置的向量（由颗粒质心指向接触点）；

　　　$\boldsymbol{r}_2$——颗粒离散单元 2 到接触点的相对位置的向量（由颗粒质心指向接触点）；

　　　$\boldsymbol{v}_1$——颗粒离散单元 1 质心平动的速度向量；

　　　$\boldsymbol{v}_2$——颗粒离散单元 2 质心平动的速度向量。

$$\boldsymbol{M}_1 = r_1 \boldsymbol{F}^{(G)} ; \boldsymbol{M}_2 = -r_2 \boldsymbol{F}^{(G)} \tag{3-11}$$

式中　$\boldsymbol{M}_1$——颗粒离散单元 1 上的转矩；

　　　$\boldsymbol{M}_2$——颗粒离散单元 2 上的转矩；

　　　$\boldsymbol{F}^{(G)}$——全局坐标下颗粒离散单元的接触力；

　　　其他符号含义同上。

3.3　数值模拟模型建立

3.3.1　工作面倾向方向上放顶煤数值模拟模型建立

为研究不同顶煤厚度条件下的单放煤口和多放煤口放煤规律的差异，建立 4.0 m、8.0 m、12.0 m、16.0 m、20.0 m、24.0 m 厚度顶煤条件下的放顶煤数值模拟模型。煤岩层倾角均为水平；工作面倾向模型长 120.0 m，放煤口宽 1.75 m。总共模拟 50 个放煤口的放煤规律。左右预留边界分别为 16.0 m。固定模型的左右两侧和下部。煤层上部为 3.0 m 厚的直接顶（矸石），直接顶上部是 7.0 m 厚的硬岩层。据此建立的综放工作面倾向方向上放顶煤数值模拟模型如图 3-6 所示。

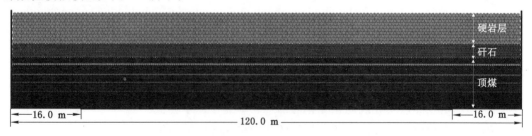

图 3-6　综放工作面倾向方向上放顶煤数值模拟模型

在数值模拟中做如下基本假设：

（1）在顶煤放出阶段，顶煤呈松散破碎状态，不能承受拉应力。

（2）在顶煤放出过程中，将顶煤视为准刚体。

（3）在顶煤放出过程中，液压支架只承受上方破碎顶煤和直接顶的质量。

（4）煤壁前方顶煤和少量直接顶的松散破碎，不影响液压支架上方已破碎顶煤的放出。

（5）在顶煤放出过程中，不发生煤壁片帮和端面冒顶现象。

根据不同层位的顶煤受力大小不同，顶煤破碎度从上到下依次增大建立的数值模拟模型，顶中煤颗粒按照从上到下的顺序依次减小。在各数值模拟模型中，各岩层颗粒尺寸设定如表 3-2 所示，颗粒的力学参数如表 3-3 所示。

表 3-2　各岩层颗粒尺寸

层位	粒径/m	高度/m
硬岩层	0.4	7.0
直接顶（矸石）	0.3	3.0
上位顶煤	0.25	—
中上位顶煤	0.2	—
中下位顶煤	0.15	—
下位顶煤	0.1	—
机采煤层	0.2	3.9

表 3-3　各岩层颗粒力学参数

岩样	容重/(kN/m³)	弹性模量/GPa	泊松比	抗拉强度/MPa	黏聚力/MPa	内摩擦角/(°)	剪胀角/(°)
3#~5#煤	13.4	2.8	0.34	0.5	0	28.6	8
碳质泥岩	15.6	4.4	0.29	0.9	15.9	33.7	5
砂质泥岩	25.3	24.2	0.25	4.7	42.4	41.3	5

3.3.2　工作面走向方向上数值模拟模型建立

为研究不同顶煤厚度条件下放煤步距对顶煤回收率的影响，根据同忻煤矿 8202 综放工作面使用的 ZF15000/27.5/42 型低位放顶煤液压支架具体尺寸参数，对其进行简化处理，建立二维的放顶煤液压支架数值模拟模型，如图 3-7 所示。建立的数值模拟模型长度为 180.0 m，左右边界预留长度均为 32.0 m。固定数值模拟模型的左右两侧和下部。在该模型中，采煤机割煤高度为 3.9 m。机采煤层上方是不同厚度的顶煤。建立的顶煤厚度有 4.0 m，8.0 m，12.0 m，16.0 m，20.0 m 和 24.0 m。顶煤上部为 3.0 m 厚的直接顶（矸石），直接顶上部是 7.0 m 厚的硬岩层。各岩层颗粒尺寸与多放煤口放煤模拟建立的数值模拟模型中的一致。自左向右模拟。模拟的前 20.0 m 不放煤，仅开挖机采高度煤层；20.0 m 以后，开挖机采煤层的同时，在后部刮板输送机相应区域回收顶煤。在模拟过程中，以后部刮板输送机回收顶煤区域监测到矸石落入为标准进行移架（即"见矸移架"）。建立的数值模拟模型如图 3-8 所示。

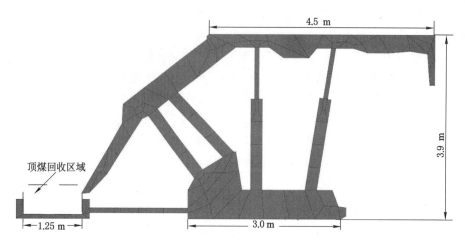

图 3-7　放顶煤液压支架数值模拟模型

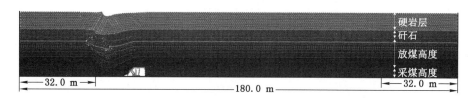

图 3-8　综放工作面走向方向上放煤步距数值模拟模型

3.4　工作面倾向方向上单放煤口放煤数值模拟

根据现场生产常见的单轮顺序放煤、单轮间隔放煤、多轮顺序放煤和多轮间隔放煤四种放煤方式,对 4.0 m、8.0 m、12.0 m、16.0 m、20.0 m、24.0 m 顶煤厚度条件下的多种单放煤口条件下的放煤方式进行数值模拟。其放煤方式如表 3-4 所示。

表 3-4　综放面工作面倾向方向上单放煤口不同放煤方式

顶煤厚度	放煤方式	顶煤厚度	放煤方式	顶煤厚度	放煤方式
4.0 m	4.0−1−0	8.0 m	8.0−1−0	12.0 m	12.0−1−0
	4.0−1−1		8.0−1−1		12.0−1−1
	4.0−1−2		8.0−1−2		12.0−1−2
	4.0−2−0		8.0−2−0		12.0−2−0
	4.0−2−1		8.0−2−1		12.0−2−1
	4.0−2−2		8.0−2−2		12.0−2−2
	—		8.0−3−0		12.0−3−0
	—		8.0−3−1		12.0−3−1
	—		8.0−3−2		12.0−3−2

表 3-4(续)

顶煤厚度	放煤方式	顶煤厚度	放煤方式	顶煤厚度	放煤方式
	16.0－1－0		20.0－1－0		24.0－1－0
	16.0－1－1		20.0－1－1		24.0－1－1
	16.0－1－2		20.0－1－2		24.0－1－2
	16.0－2－0		20.0－2－0		24.0－2－0
	16.0－2－1		20.0－2－1		24.0－2－1
16.0 m	16.0－2－2	20.0 m	20.0－2－2	24.0 m	24.0－2－2
	16.0－3－0		20.0－3－0		24.0－3－0
	16.0－3－1		20.0－3－1		24.0－3－1
	16.0－3－2		20.0－3－2		24.0－3－2
	16.0－4－0		20.0－4－0		24.0－4－0
	16.0－4－1		20.0－4－1		24.0－4－1
	16.0－4－2		20.0－4－2		24.0－4－2

注:放煤方式采用数字命名。第 1 位数字表示顶煤厚度;第 2 位数字表示总的放煤轮次;第 3 位数字表示放煤间隔的架次;每轮放煤高度为顶煤厚度与总放煤轮次的比值;最后一轮放煤均以"见矸"结束。

3.4.1　顶煤放出特征分析

在综放工作面单放煤口放煤条件下,放煤口宽度小,容易使顶煤颗粒在冒落过程中相互挤压形成受力平衡的煤拱而堵塞放煤口,如图 3-9 所示。在煤拱的影响下,顶煤不能顺利放出,降低了顶煤的回收率和放煤效率。

（a）单放煤口放煤条件下顶煤成拱　　　　　　　　（b）A 局部放大图

图 3-9　单放煤口放煤数值模拟

顶煤厚度为 4.0 m、12.0 m、20.0 m 时在单放煤口放煤条件下煤岩分界面形态,如图 3-10 至图 3-12 所示。

在顶煤厚度为 4.0 m 时,煤岩分界面相对规整,煤损较少,如图 3-10 所示。因为在顶煤厚度较小时,顶煤的回收需要的计算步数相对较少,顶煤能够在矸石到达放煤口之前回收完毕,因此煤矸互层较少,煤岩分界面规整,顶煤回收率高。

如图 3-11 所示,12.0 m 厚度顶煤时在单放煤口放煤条件下所形成的煤岩分界面不规整,煤损相对 4.0 m 厚度顶煤时的较多。在顶煤厚度较大时,顶煤的回收需要的计算步数相对较多,顶煤不能在矸石到达放煤口之前回收完毕,因而出现煤矸互层现象,造成煤岩分界面不规整。矸石提前到达放煤口而导致该放煤口放煤的提前结束。这导致煤损相对严重,顶煤回收率较低。

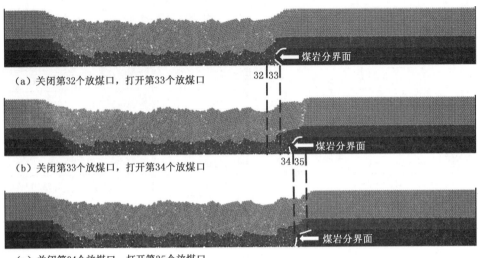

（a）关闭第32个放煤口，打开第33个放煤口

（b）关闭第33个放煤口，打开第34个放煤口

（c）关闭第34个放煤口，打开第35个放煤口

图 3-10　4.0 m 厚度顶煤时在单放煤口条件下煤岩分界面形态

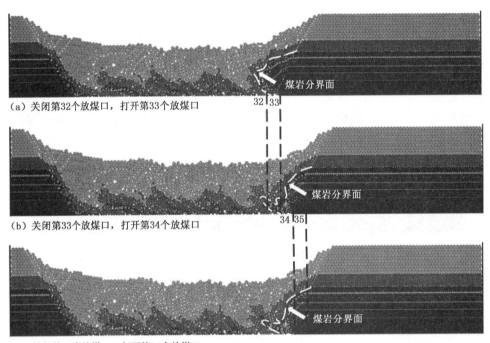

（a）关闭第32个放煤口，打开第33个放煤口

（b）关闭第33个放煤口，打开第34个放煤口

（c）关闭第34个放煤口，打开第35个放煤口

图 3-11　12.0 m 厚度顶煤时在单放煤口条件下煤岩分界面形态

　　如图 3-12 所示，20.0 m 厚度顶煤时在单放煤口放煤条件下所形成的煤岩分界面形态，相对于 12.0 m 厚度顶煤时的更加不规整，煤损相对 12.0 m 厚度顶煤时的更多。在 20.0 m 厚度顶煤时，顶煤的回收需要更多的计算步数，而采空区侧的矸石在计算不多的步数后就可以到达放煤口，使放煤口提前关闭。这导致放煤口上部大量的顶煤无法放出。矸石的提前窜入，导致出现较严重的煤矸互层现象。并且这种煤矸互层可以持续累积，直到损失一个较

大的顶煤煤柱将未放煤区与采空区侧的矸石隔开,才能够使放煤口再次正常放煤。因此,在顶煤厚度大时,煤岩分界面不规整且煤损严重,顶煤回收率低。

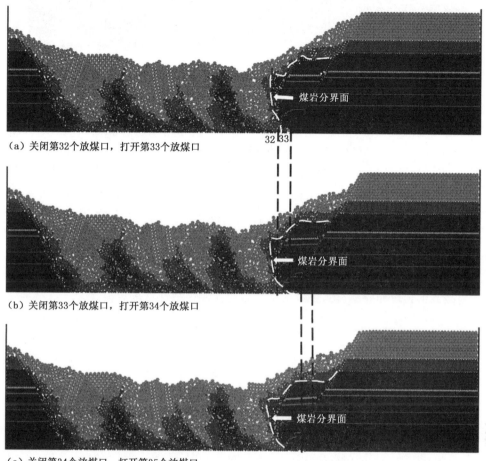

（a）关闭第32个放煤口,打开第33个放煤口

（b）关闭第33个放煤口,打开第34个放煤口

（c）关闭第34个放煤口,打开第35个放煤口

图 3-12　20.0 m 厚度顶煤时在单放煤口条件下煤岩分界面形态

由图 3-12 可以看出:在单放煤口条件下,脊背煤损失形状向左倾斜。在打开放煤口以后,顶煤二次松散运动,其碎胀系数大于没有发生二次破坏的顶煤体的碎胀系数。当打开临近放煤口放煤时,尽管放煤口两侧的介质一样,然而它们的松散程度不一样。左侧介质松散程度大,左侧颗粒在移动中相互摩擦阻力小。而右侧颗粒松散程度小,右侧散体颗粒结构相对比较紧密,因而右侧散体颗粒在运动中相互摩擦阻力比较大,迫使放出煤体向左侧倾斜发育。这造成脊背煤损失的最终形态是向左倾斜的。

3.4.2　顶煤放出量统计分析

顶煤放出量统计的是冒落在放煤口内的煤炭颗粒总面积。放煤区域顶煤总面积计算的是各放煤口上部和左右两侧四个放煤口宽度上方的顶煤颗粒总面积(端头不放煤区域),如图 3-13 所示。顶煤回收率计算的是冒落在放煤口内的煤炭颗粒总面积与放煤区域的顶煤总面积之比。

图 3-13 工作面倾向方向顶煤放煤统计中总放煤区域示意图

（1）顶煤回收率统计与分析

对不同厚度顶煤时在不同放煤条件下，顶煤回收率、模拟计算步数进行统计。其结果如表 3-5 所示。从表 3-5 中可以看出：① 在相同的顶煤厚度时，放煤轮次越多，顶煤回收率越高，需要的模拟计算步数越多。② 在每轮放煤高度较小时，各放煤口顺次放煤的顶煤回收率总体上大于间隔放煤的顶煤回收率。例如，在 12.0 m 厚度顶煤时，三轮放煤方式下的顶煤回收率总体上大于两轮和单轮放煤方式下的顶煤回收率。③ 模拟计算步数随放煤轮次增加而增加。④ 对于单轮放煤方式，间隔一架放煤时的顶煤回收率较高；对于两轮放煤方式，每轮放煤 6.0 m、间隔两架放煤时的顶煤回收率较高；对于三轮放煤方式，每轮放煤 4.0 m、各放煤口顺次放煤时的顶煤回收率较高。⑤ 对于不同厚度的顶煤，当顶煤厚度越大时，若要取得较高的顶煤回收率就需要越多的放煤轮次和模拟计算步数顶煤。

表 3-5 不同厚度顶煤时在不同放煤条件下顶煤回收率和模拟计算步数结果

顶煤厚度	放煤方式	顶煤回收率/%	模拟计算步数/万步	顶煤厚度	放煤方式	顶煤回收率/%	模拟计算步数/万步
4.0 m	4.0－1－0	84.71	118.59	8.0 m	8.0－1－0	80.87	212.84
	4.0－1－1	83.17	112.84		8.0－1－1	81.60	201.74
	4.0－1－2	81.68	112.68		8.0－1－2	82.92	206.55
	4.0－2－0	83.44	130.94		8.0－2－0	85.01	243.93
	4.0－2－1	84.14	134.70		8.0－2－1	84.47	236.91
	4.0－2－2	83.70	133.94		8.0－2－2	85.53	252.13
16.0 m	16.0－1－0	79.68	444.79		8.0－3－0	87.00	256.55
	16.0－1－1	84.89	579.41		8.0－3－1	86.54	254.61
	16.0－1－2	84.06	532.32		8.0－3－2	86.66	267.08
	16.0－2－0	87.76	786.30	12.0 m	12.0－1－0	78.97	399.95
	16.0－2－1	85.45	693.47		12.0－1－1	82.45	521.09
	16.0－2－2	84.59	760.38		12.0－1－2	80.53	479.90
	16.0－3－0	89.54	700.89		12.0－2－0	83.86	719.86
	16.0－3－1	79.71	660.32		12.0－2－1	82.00	753.46
	16.0－3－2	83.63	802.28		12.0－2－2	85.22	658.80
	16.0－4－0	89.32	762.92		12.0－3－0	85.11	714.42
	16.0－4－1	86.82	706.00		12.0－3－1	82.89	805.67
	16.0－4－2	87.01	808.20		12.0－3－2	80.66	864.08

表 3-5(续)

顶煤厚度	放煤方式	顶煤回收率/%	模拟计算步数/万步	顶煤厚度	放煤方式	顶煤回收率/%	模拟计算步数/万步
20.0 m	20.0-1-0	76.32	711.61	24.0 m	24.0-1-0	73.22	688.77
	20.0-1-1	83.72	928.00		24.0-1-1	81.46	886.97
	20.0-1-2	83.49	882.83		24.0-1-2	81.26	867.56
	20.0-2-0	89.43	982.48		24.0-2-0	86.68	1 120.94
	20.0-2-1	85.26	1 101.45		24.0-2-1	83.95	1 402.38
	20.0-2-2	85.38	1 538.66		24.0-2-2	83.09	1 260.00
	20.0-3-0	88.33	949.39		24.0-3-0	85.26	1 105.30
	20.0-3-1	87.94	1 035.03		24.0-3-1	86.15	1 346.45
	20.0-3-2	85.58	1 097.96		24.0-3-2	85.18	1 162.13
	20.0-4-0	88.94	875.94		24.0-4-0	87.54	1 035.58
	20.0-4-1	87.47	981.74		24.0-4-1	88.63	1 131.50
	20.0-4-2	86.84	934.19		24.0-4-2	86.29	1 153.67

（2）顶煤放出量统计与分析

不同厚度顶煤时在单轮或多轮顺序放煤条件下，对各个放煤口的顶煤放出量进行统计。在单放煤口条件下，分析不同的放煤方式对各个放煤口的顶煤放出量的影响。顶煤厚度为 4.0 m、12.0 m 和 20.0 m 时，在单放煤口条件下各个放煤口的顶煤放出量统计结果如图 3-14 至图 3-16 所示。

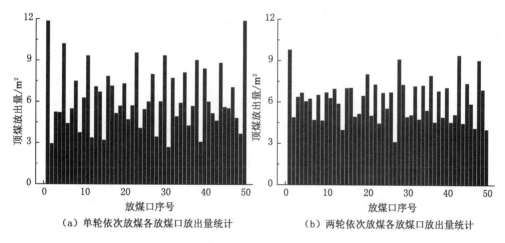

（a）单轮依次放煤各放煤口放出量统计　　　（b）两轮依次放煤各放煤口放出量统计

图 3-14　4.0 m 厚度顶煤时在单放煤口条件下各放煤口放煤量统计

① 顶煤厚度为 4.0 m 时，在单放煤口条件下各放煤口的顶煤放出量统计结果如图 3-14 所示。单轮放煤方式时，第一个和最后一个放煤口的放煤量最大，中间各放煤口的放煤量大小不一，大体上呈现"两低一高"的规律（即两个相邻的放煤口的连续放煤量较小，第三个放煤口的放煤量较大）。两轮放煤方式时与单轮放煤方式时相比，两轮放煤方式时各放煤口之间的放煤量差值小于单轮放煤方式时各放煤口之间的放煤量差值。

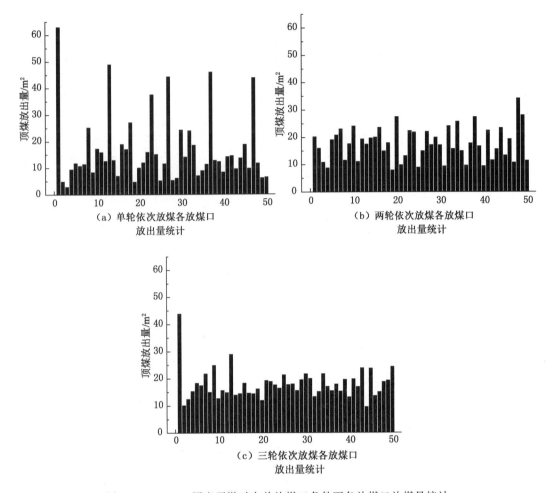

（a）单轮依次放煤各放煤口
放出量统计

（b）两轮依次放煤各放煤口
放出量统计

（c）三轮依次放煤各放煤口
放出量统计

图 3-15　12.0 m 厚度顶煤时在单放煤口条件下各放煤口放煤量统计

②顶煤厚度为 12.0 m 时，在单放煤口条件下各放煤口的顶煤放出量统计结果如图 3-15 所示。从单轮顺次放煤方式到三轮顺次放煤方式，各放煤口的放煤量差异随放煤轮次增加而减小。两轮放煤方式时第一个放煤口的放煤量小的原因是在第二轮放煤的第一个放煤口的放煤过程中，顶煤成拱，而堵塞放煤口。顶煤不能冒落而导致顶煤回收量较小。

③顶煤厚度为 20.0 m 时，在单放煤口条件下各放煤口的顶煤放出量统计结果如图 3-16 所示。从单轮顺次放煤方式到四轮顺次放煤方式，各放煤口的放煤量差异随放煤轮次增加而减小。单轮放煤方式时各放煤口的放煤量具有一定的规律（即每间隔 7 个左右的放煤口就会出现一个较大的放煤量）。顶煤厚度为 20.0 m 时，顶煤厚度大，煤岩分界面长，容易发生煤矸互层现象，这造成较大的脊背煤损。

在单放煤口条件下，各放煤口的放煤量差异跟一次顶煤放出高度有关。（a）当一次顶煤放出高度大时，煤岩分界面长，放煤口两侧放煤速度差别较大。靠近矸石侧的颗粒冒落速度快，先于靠近实体煤的颗粒到达放煤口，矸石提前到达放煤口，这导致放煤口的提前关闭，致使顶煤放出量减少，顶煤回收率降低。（b）当进行多轮等高度放煤时，一次顶煤放出高度小，煤岩分界面长度相对较短，煤矸混入少。另外，前一轮的放煤对下一轮放出的煤体进行了提前松动，减小了下一轮放煤过程中放煤口两侧的颗粒冒落速度差异，使得煤岩分界面平

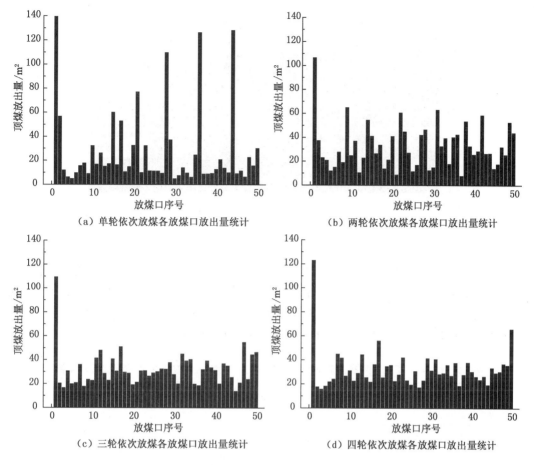

（a）单轮依次放煤各放煤口放出量统计　　　（b）两轮依次放煤各放煤口放出量统计

（c）三轮依次放煤各放煤口放出量统计　　　（d）四轮依次放煤各放煤口放出量统计

图 3-16　20.0 m 厚度顶煤时在单放煤口条件下各放煤口放煤量统计

缓下降,从而减少煤矸互层,提高顶煤回收率。

3.5　工作面倾向方向上多放煤口协同放煤数值模拟

为研究多放煤口协同放煤条件下,顶煤厚度、放煤口数量对放煤规律、煤岩运动特征、顶煤回收率等的影响,在工作面倾向上建立 6 组数值模拟模型。首先对提出的起始放煤方式进行检验;然后在不同顶煤厚度条件下,模拟放煤口数量分别为 2、3、4、5、6、7 时的放煤过程,为多放煤口协同放煤条件下放煤口数量的优化提供参考。

3.5.1　多放煤口条件下起始放煤方式检验

为检验第 2.2 节提出的多放煤口条件下起始放煤方式的合理性,建立起始放煤方式检验数值模拟模型。以 12.0 m 厚度顶煤、5 个放煤口条件下的起始放煤方式为例进行说明。其模型如图 3-17 所示。分别模拟同时打开各放煤口、再逆次不等时关闭各放煤口,以及顺次等差打开(以一定的时间间隔顺次打开放煤口)和顺次间隔等差打开(以一定的时间间隔,隔架打开放煤口)各放煤口的三种不同起始放煤方式。

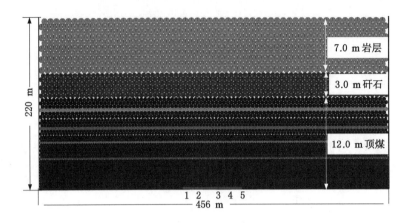

图 3-17　起始放煤方式数值模拟模型

根据提出的起始放煤方式,首先同时打开 5 个放煤口,以一定的时间间隔逆次关闭各放煤口。在其数值模拟中,以计算步数来等效控制"时间的长短"。由相关计算公式估算出12.0 m 厚度顶煤在同时打开 5 个放煤口条件下,起始放煤过程中各放煤口计算步数如表 3-6 所示。表 3-6 中开启的计算步数为各放煤口处于打开状态的计算步数。

表 3-6　12.0 m 厚度顶煤在开启 5 个放煤口条件下起始放煤过程中各放煤口计算步数

放煤口序号 \ 计算步数	关闭放煤口顺序					计算步数合计
	5	4	3	2	1	
1	5 000	10 000	15 000	20 000	80 000	130 000
2	5 000	10 000	15 000	20 000	0	50 000
3	5 000	10 000	15 000	0	0	30 000
4	5 000	10 000	0	0	0	15 000
5	5 000	0	0	0	0	5 000

依据计算得出的各放煤口开启的计算步数,对 12.0 m 厚度顶煤在同时打开 5 个放煤口条件下的起始放煤方式进行模拟。其模拟结果如图 3-18 所示。(a) 放煤口 5 开启计算步数少。当关闭放煤口 5 时,煤岩分界面发生较小的位移,如图 3-18(a)所示。(b) 放煤口 4 开启的计算步数为 15 000 步。当关闭该放煤口时,煤岩分界面发生较明显的位移,煤岩分界面中间位置偏向放煤口 2 和 3 中间。(c) 当放煤口数量为 4 时,放煤口宽度较大,煤岩分界面能够平缓下降,如图 3-18(b)所示。(d) 当关闭放煤口 3 时,煤岩分界面进一步下降,与关闭放煤口 4 时相比,煤岩分界面中间位置向放煤口 2 倾斜,如图 3-18(c)所示。(e) 当关闭放煤口 2 时,与关闭放煤口 3 时相比,煤岩分界面中间位置向放煤口 1 倾斜,且煤岩分界面还能够保持平缓下降,如图 3-18(d)所示。(f) 当关闭放煤口 2 之后,放煤口 1 继续放煤开启的计算步数较多。由于 12.0 m 厚度顶煤的煤岩边界影响范围为 4.5~5.2 m,是 3 个放煤口的宽度,即第 1 个放煤口放煤,能够影响到第 4 个放煤口上方顶煤的移动,所以第 2、3、4 个放煤口开启的计算步数相对于第 1 个放煤口的较少。同理,第 2、3、4 个放煤口开启都会对第 5 个放煤口上方顶煤产生影响,而第 5 个放煤口上方顶煤下降的高度最小。因此第

5 个放煤口开启计算步数最少。

　　煤岩分界面在第 2 个放煤口关闭后的形态如图 3-18(e)、(f)所示。从图 3-18 中可以看出:在放煤口 1 的影响下,煤岩分界面不断向放煤口 1 移动,直至放煤口 1 关闭,最终形成的煤岩分界面曲线平滑。在 5 个放煤口之间形成了接近倾斜直线的煤岩分界面,这证明了"同时开启逆次关闭"的多放煤口起始放煤方式的合理性和正确性。

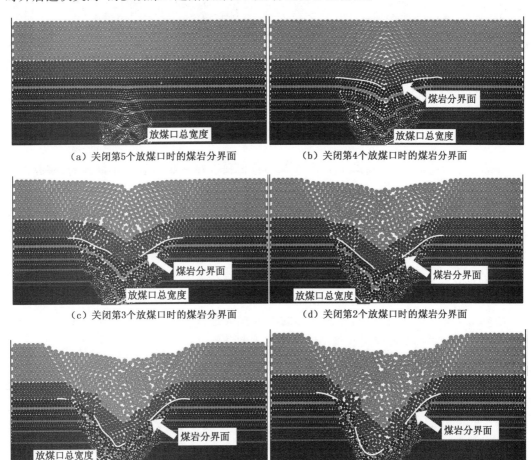

图 3-18　12.0 m 厚度顶煤起始放煤方式检验模拟结果

　　对多放煤口起始放煤的常规放煤方式(即顺次等差打开和顺次间隔等差打开各放煤口的放煤方式)也进行了模拟。其模拟结果如图 3-19 所示。从图 3-19 中可以看出:采用顺次等差打开的起始放煤方式要优于顺次间隔等差打开的起始放煤方式。但不管采用哪种方式,煤岩分界面的中间位置均不在放煤口 1 上方,煤岩分界面曲线相对于"同时开启逆次关闭"的起始放煤方式时的不平滑。另外,在这两种起始放煤方式时,第 1 个放煤口左侧存在较大的顶煤损失。因此,相比较而言,"同时开启逆次关闭"的起始放煤方式不管在煤岩分界面中间点的位置,还是煤岩分界面的平滑程度,以及顶煤损失量来说,都要优于常规的起始放煤方式。对于多放煤口协同放煤方式来说,"同时开启逆次关闭"的起始放煤方式能够满足要求。

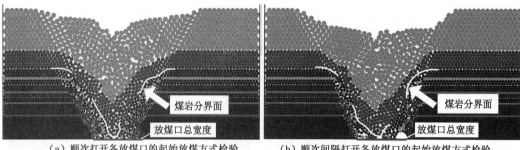

（a）顺次打开各放煤口的起始放煤方式检验　　（b）顺次间隔打开各放煤口的起始放煤方式检验

图 3-19　12.0 m 厚度顶煤常规起始放煤方式检验模拟结果

3.5.2　起始放煤过程模拟

在验证了提出的"同时开启逆次关闭"的多放煤口起始放煤方式的正确性后，研究不同顶煤厚度条件下，不同的放煤口数量对煤岩分界面形态和顶煤回收率的影响，分别模拟在 4.0 m、8.0 m、12.0 m、16.0 m、20.0 m、24.0 m 厚度顶煤条件下，放煤口数量从 2 到 7 的放煤效果。选取 4.0 m、12.0 m、20.0 m 厚度顶煤条件下的起始放煤、中间放煤以及末端放煤效果进行具体分析。

根据 2.2.2 节中计算出的单个放煤口条件下放煤的水平影响距离，以及放煤漏斗母线方程，分别计算不同顶煤厚度条件下的起始放煤参数。根据其计算结果，对起始放煤过程模拟中各放煤口开启的先后顺序，按照计算的步数多少进行控制。选取顶煤厚度为 4.0 m、12.0 m、20.0 m 时起始放煤过程模拟结果进行详细分析。

（1）顶煤厚度为 4.0 m 时

在 4.0 m 厚度顶煤条件下，顶煤厚度小。在 2 个放煤口条件下，就可以形成倾斜较平缓的煤岩分界面。并且随着放煤口数量的增多，煤岩分界面曲线水平倾角越小，如图 3-20 所示。煤岩分界面曲线水平倾斜角度越小，各放煤口上方的煤层高度之差越小，越有利于后续的煤岩界面控制。

（2）顶煤厚度为 12.0 m 时

在 12.0 m 厚度顶煤条件下，顶煤厚度较大。在 2 个和 3 个放煤口条件下，难以形成较平缓的煤岩分界面曲线，如图 3-21 所示。由于顶煤厚度大，下部颗粒的冒落扩展到上部需要较多的计算步数。为了保证首次见矸点在 1 号放煤口上方，2、3 号放煤口开启时间相对于 1 号放煤口的较晚。在 1 号放煤口见矸时，2、3 号放煤口开启时间较短，计算步数少，颗粒冒落尚未充分扩展到 2、3 号放煤口上方的顶煤，这导致煤岩分界面曲线整体较陡。在同时打开 4、5、6、7 个放煤口条件下，随着放煤口数量的增多，煤岩分界面曲线水平倾角相对越平滑。在同时打开 4 个和 5 个放煤口条件下所形成的煤岩分界面曲线斜率，比同时打开 2 个和 3 个放煤口条件下的较缓，但是比同时打开 6 个和 7 个放煤口条件下的较陡。开启相近放煤口数量条件下的放煤效果相差不大，这与顶煤厚度大，颗粒冒落扩展到顶部需要较多的计算时间（步数）有关。

（3）顶煤厚度为 20.0 m 时

（a）2个放煤口放煤条件下的起始放煤

（b）3个放煤口放煤条件下的起始放煤

（c）4个放煤口放煤条件下的起始放煤

（d）5个放煤口放煤条件下的起始放煤

（e）6个放煤口放煤条件下的起始放煤

（f）7个放煤口放煤条件下的起始放煤

图 3-20　4.0 m 厚度顶煤时不同数量放煤口条件下起始放煤过程模拟结果

在 20.0 m 厚度顶煤条件下,顶煤厚度进一步增大。在同时打开不同放煤口个数条件下,都难以形成较平缓的煤岩分界面曲线,如图 3-22 所示。其原因与 12.0 m 厚度顶煤条件下的相同。不同的是,20.0 m 厚度顶煤条件下起始放煤结束后,形成的煤岩界面曲线比 12.0 m 厚度顶煤条件下的更陡。这是因为冒落颗粒扩展到顶部的计算时间(步数)随顶煤厚度的增大而增大。

3.5.3　中间放煤过程模拟

多放煤口条件下中间放煤过程比起始放煤过程简单。中间放煤是在起始放煤结束后形

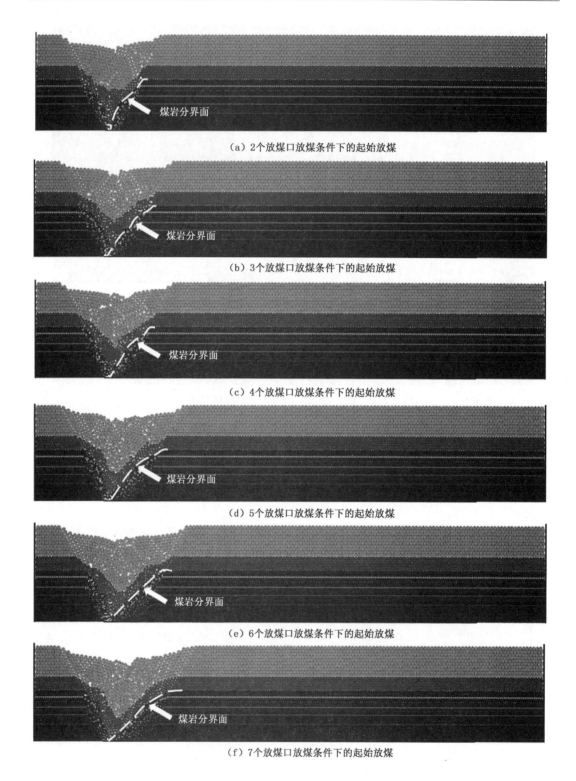

（a）2个放煤口放煤条件下的起始放煤

（b）3个放煤口放煤条件下的起始放煤

（c）4个放煤口放煤条件下的起始放煤

（d）5个放煤口放煤条件下的起始放煤

（e）6个放煤口放煤条件下的起始放煤

（f）7个放煤口放煤条件下的起始放煤

图 3-21　12.0 m 厚度顶煤时不同数量放煤口条件下起始放煤过程模拟

（a）2个放煤口放煤条件下的起始放煤

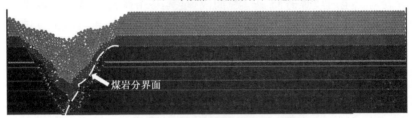

（b）3个放煤口放煤条件下的起始放煤

（c）4个放煤口放煤条件下的起始放煤

（d）5个放煤口放煤条件下的起始放煤

（e）6个放煤口放煤条件下的起始放煤

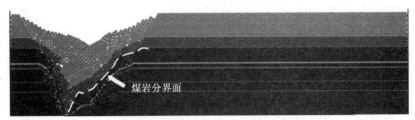

（f）7个放煤口放煤条件下的起始放煤

图 3-22　20.0 m厚度顶煤时不同数量放煤口条件下起始放煤过程模拟

成的近似倾斜直线的煤矸分界面条件下继续放煤。按照见矸关门的原则关闭见矸的放煤口,同时打开一个临近的放煤口,始终保持 n 个放煤口同时放煤。在中间放煤过程中,煤岩分界面曲线随同时打开的放煤口数量的增多而变平缓,这是由于在中间放煤过程中,n 个放煤口是同时打开的,放煤口宽度大,各放煤口两侧颗粒冒落速度随放煤口数量的增多而越趋于一致。n 个正在放煤的放煤口从左到右,放煤时间(步数)依次减少,即最左侧放煤口当前持续的放煤时间(步数)总是大于右侧放煤口当前持续的放煤时间(步数),这就保证了 n 个放煤口之间存在着一定的放煤时间(步数)间隔,使得整个煤岩分界面有规律地平滑下降。顶煤回收效率与同时打开的放煤口数量密切相关。根据第 2.3.3 节内容分析,顶煤冒落速度与放煤口宽度成正比关系:放煤口宽度越宽,顶煤冒落速度越大,放煤效率越高。以下是对顶煤厚度为 4.0 m、12.0 m、20.0 m 时中间放煤过程模拟结果的具体分析。

(1) 顶煤厚度为 4.0 m 时

在 4.0 m 厚度顶煤条件下中间放煤过程模拟结果如图 3-23 所示。在放煤口数量为 2 时,煤岩分界面曲线相对较陡,在放煤过程中易发生矸石提前到达放煤口而终止当前放煤口放煤。当放煤口数量从 3 个增加到 7 个时,随着同时打开的放煤口数量增多,煤岩分界面曲线越趋于平缓,形成近似倾斜的直线。顶煤厚度相对较小,煤、矸石冒落轨迹线短,煤、矸石互层较少。同时打开的放煤口数量从 2 个到 7 个时,顶煤回收率相差不明显,放煤效率随同时打开的放煤口数量增多而增大。

(2) 顶煤厚度为 12.0 m 时

在 12.0 m 厚度顶煤条件下中间放煤过程模拟结果如图 3-24 所示。在放煤口数量为 2 和 3 时,煤岩分界面曲线较陡,煤矸互层较多,在放煤过程中易发生矸石提前到达放煤口而终止当前放煤口放煤。当同时打开放煤口数量从 4 个增加到 7 个时,煤岩分界面曲线随着同时打开的放煤口数量增多而变得平缓,顶煤回收越多,煤损越少,同时放煤效率得到了提高。放煤口数量从 4 个增加到 7 个时,顶煤回收率相差不明显;相对于 2 个和 3 个放煤口时,顶煤回收率有了较大的提高。① 12.0 m 厚度顶煤相对较厚,在同时打开的放煤口数量较少时,难以形成平缓的煤岩分界面,煤、矸石在冒落过程中运动轨迹线长,这导致煤、矸石互层严重。在顶煤尚未全部放出时,矸石提前冒落到放煤口而终止放煤,降低了顶煤回收率。② 在同时打开的放煤口数量较多时,放煤过程中的煤岩分界面较平滑,煤矸互层现象比开启放煤数量少时的有所减轻。③ 同时打开的放煤口数量达到 4 个后,继续增多同时打开的放煤口数量,顶煤回收率随放煤口数量的增多而增大,但是其增长速率不明显。这是因为在同时打开的放煤口数量增大到一定程度后,煤岩分界面趋于稳定,对顶煤的回收率影响也趋于稳定。

(3) 顶煤厚度为 20.0 m 时

在 20.0 m 厚度顶煤条件下中间放煤过程模拟结果如图 3-25 所示。① 在放煤口数量为 2、3、4 时,煤岩分界面曲线陡,煤矸互层严重,在放煤过程中,矸石提前到达放煤口而终止当前放煤口放煤。② 当同时打开放煤口数量从 5 个增加到 7 个时,煤岩分界面曲线随着同时打开的放煤口数量增多而变得略有平缓。相对于顶煤厚度较小时的煤岩分界面,其仍然较陡。这是因为 20.0 m 厚度顶煤相对较厚,下部顶煤颗粒冒落扩展到顶部需要较多的计算时间(步数),即便同时打开 7 个放煤口同时放煤,也难以形成较平缓的煤岩分界面。顶煤在冒落过程中运动轨迹线长,导致矸石混入严重。在顶煤尚未全部放出时,矸石提前冒落到

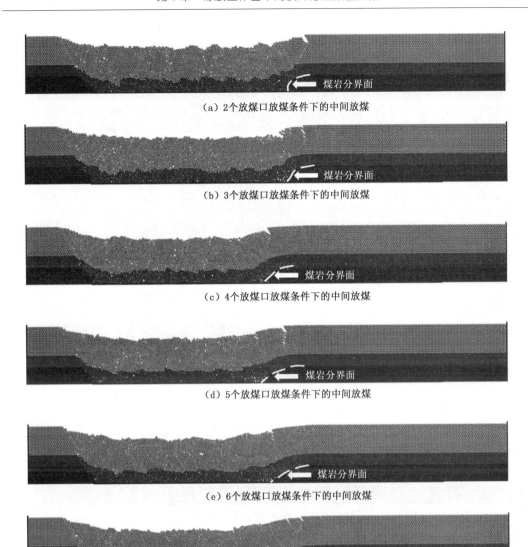

（a）2个放煤口放煤条件下的中间放煤

（b）3个放煤口放煤条件下的中间放煤

（c）4个放煤口放煤条件下的中间放煤

（d）5个放煤口放煤条件下的中间放煤

（e）6个放煤口放煤条件下的中间放煤

（f）7个放煤口放煤条件下的中间放煤

图 3-23　4.0 m 厚度顶煤时不同数量放煤口条件下中间放煤过程模拟

放煤口而终止放煤，丢煤绝对量增大。但是由于顶煤厚度大，回收的顶煤绝对量也相应增大。顶煤回收率相比较于 12.0 m、4.0 m 厚度顶煤时的有所提高。③ 同时打开的放煤口数量达到 5 个后，顶煤回收率随放煤口数量的增多而增长并不明显。在同时打开的放煤口数量增大到一定程度后，煤岩分界面趋于稳定，对顶煤的回收率影响也趋于稳定。

3.5.4　末端放煤过程模拟

在多放煤口放煤条件下，末端放煤与起始放煤和中间放煤有所不同。末端放煤是多放煤口放煤的最后一个阶段。在该阶段的放煤过程中，即最后一个 n 个放煤口放煤过程中，按照见矸关门的原则，将最后一个 n 个放煤口依次关闭，直至第 N 个放煤口关闭。末端放煤

（a）2个放煤口放煤条件下的中间放煤

（b）3个放煤口放煤条件下的中间放煤

（c）4个放煤口放煤条件下的中间放煤

（d）5个放煤口放煤条件下的中间放煤

（e）6个放煤口放煤条件下的中间放煤

（f）7个放煤口放煤条件下的中间放煤

图 3-24　12.0 m 厚度顶煤时不同数量放煤口条件下中间放煤过程模拟

（a）2个放煤口放煤条件下的中间放煤

（b）3个放煤口放煤条件下的中间放煤

（c）4个放煤口放煤条件下的中间放煤

（d）5个放煤口放煤条件下的中间放煤

（e）6个放煤口放煤条件下的中间放煤

（f）7个放煤口放煤条件下的中间放煤

图 3-25　20.0 m 厚度顶煤时不同数量放煤口条件下中间放煤过程模拟

过程相对简单。仅选取 12.0 m 厚度顶煤时末端放煤过程模拟结果进行说明。图 3-26 所示是 12.0 m 厚度顶煤在 2、3、4、5、6、7 个放煤口条件下末端放煤过程模拟。在末端放煤过程中,放煤口数量依次减少。随着放煤口数量的减少,放煤宽度减小,煤矸互层逐渐严重,最后一个放煤口的放煤量相对于第 1 个放煤口的放煤量减小很多,煤损相对较大。

3.5.5 顶煤放出量统计分析

分别统计顶煤厚度为 4.0 m、8.0 m、12.0 m、16.0 m、20.0 m、24.0 m 时顶煤回收率和模拟计算步数。其统计结果如图 3-27 和图 3-28 所示。

3.5.5.1 顶煤回收率分析

从图 3-27 可以看出,不同顶煤厚度时在多放煤口条件下的顶煤回收率,随同时打开的放煤口数量增多而增大。① 顶煤厚度为 4.0 m 和 8.0 m 时,顶煤回收率随同时打开的放煤口数量增多而增长幅度较小。② 顶煤厚度大于 12.0 m 时,同时打开的放煤口数量由 2 个增加到 4 个时,顶煤回收率增长幅度大。③ 当同时打开的放煤口数量由 5 个增加到 7 个时,顶煤回收率增长幅度相对较小。

这说明:对于厚度较小的顶煤,在同时打开较少的放煤口数量时,就能够取得较高的顶煤回收率;而对于厚度较大的顶煤,需要同时打开的放煤口数量达到一定值后,才能够取得较高的顶煤回收率。例如,4.0 m、8.0 m 厚度顶煤在同时打开 2 个放煤口的条件下,顶煤回收率分别为 85.39%、83.02%;24.0 m 厚度顶煤在同时打开 2 个、3 个的条件下,顶煤回收率分别为 77.99%、81.59%。在顶煤回收率达到一定值后,再增加同时打开的放煤口数量,对于提高顶煤回收率效果不明显。例如,4.0 m 厚度顶煤在同时打开 3、4、5、6、7 个放煤口的条件下,顶煤回收率分别为 86.27%、86.30%、87.02%、87.38%、87.35%;12.0 m 厚度顶煤在同时打开 4、5、6、7 个放煤口条件下,顶煤回收率分别为 86.65%、87.06%、87.43%、88.21%;20.0 m 厚度顶煤在同时打开 6、7 个放煤口条件下,顶煤回收率分别为 89.91%、90.69%。这与不同的顶煤厚度在不同的放煤口数量条件下所形成的煤岩分界面倾斜程度有关。顶煤厚度越小,形成平滑倾斜的煤岩分界面所需同时打开的放煤口数量越少,煤岩分界面曲线越平缓,顶煤回收越多,煤矸互层现象越少,顶煤回收率越高。

3.5.5.2 模拟计算步数分析

从图 3-28 可以看出,相同厚度的顶煤在多放煤口条件下的计算步数随同时打开的放煤口数量增加而减少;在打开相同的放煤口数量条件下的放煤计算步数随顶煤厚度的增加而增多。当同时打开的放煤口数量从 2 个增加到 4 个时,回收顶煤的计算步数减少显著。当同时打开的放煤口数量由 5 个增加到 7 个时,回收顶煤的计算步数减少幅度小于同时打开的放煤口数量从 2 个增加到 4 个时的。这是因为同时打开的放煤口数量越多,提前松散的顶煤颗粒范围越大,顶煤颗粒冒落速度越大,放煤效率就越高。当同时打开的放煤口数量在 4 个以下时,增加放煤口的宽度,能够显著提高顶煤颗粒的冒落速度;当同时打开的放煤口数量在 4 个以上时,新增开启的放煤口上部顶煤颗粒的冒落速度与邻近开启的放煤口上部顶煤颗粒冒落速度相差较小,即在同时打开的放煤口数量超过 4 个后,再增加同时打开的放煤口数量对于提高顶煤颗粒冒落速度的作用相对于放煤口数量小于 4 个时的有所减弱。

3.5.5.3 顶煤放出量分析

统计和分析顶煤厚度为 4.0 m、12.0 m、20.0 m 时多放煤口放煤中,每个放煤口的顶煤

（a）2个放煤口放煤条件下的末端放煤

（b）3个放煤口放煤条件下的末端放煤

（c）4个放煤口放煤条件下的末端放煤

（d）5个放煤口放煤条件下的末端放煤

（e）6个放煤口放煤条件下的末端放煤

（f）7个放煤口放煤条件下的末端放煤

图 3-26　12.0 m 厚度顶煤时不同数量放煤口条件下中间放煤过程模拟

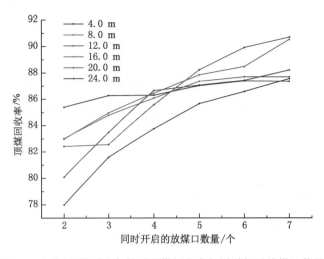

图 3-27　不同顶煤厚度条件时顶煤回收率与同时打开放煤口数量的关系

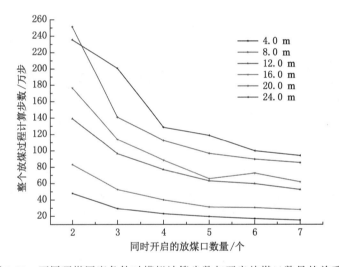

图 3-28　不同顶煤厚度条件时模拟计算步数与开启放煤口数量的关系

放出量。其统计结果如图 3-29 至图 3-31 所示。

①4.0 m 厚度顶煤时,在同时打开不同的放煤口数量条件下各个放煤口的顶煤放出量统计结果如图 3-29 所示。计算各放煤口顶煤放出量在同时打开不同的放煤口数量条件下的均方差值。其中放煤口数量为 2 个时,取得较大的均方差值 1.38;随着放煤口数量的增多,均方差值稳定在 1.31 左右;各放煤口顶煤回收量相对较均衡。

②12.0 m 厚度顶煤时,在同时打开不同的放煤口数量条件下各个放煤口的顶煤放出量统计结果如图 3-30 所示。计算各放煤口顶煤放出量在同时打开的放煤口数量由 2 个增加到 7 个的均方差值。其分别为 10.20、8.57、8.84、8.81、8.25、7.52。均方差值总体上呈现出随放煤口数量的增加而减小的趋势,即各放煤口的顶煤回收量随同时打开的放煤口数量的增加而趋于接近。

③20.0 m 厚度顶煤时,在同时打开不同的放煤口数量条件下各个放煤口的顶煤放出量统计结果如图 3-31 所示。计算各放煤口顶煤放出量在同时打开的放煤口数量由 2 个增

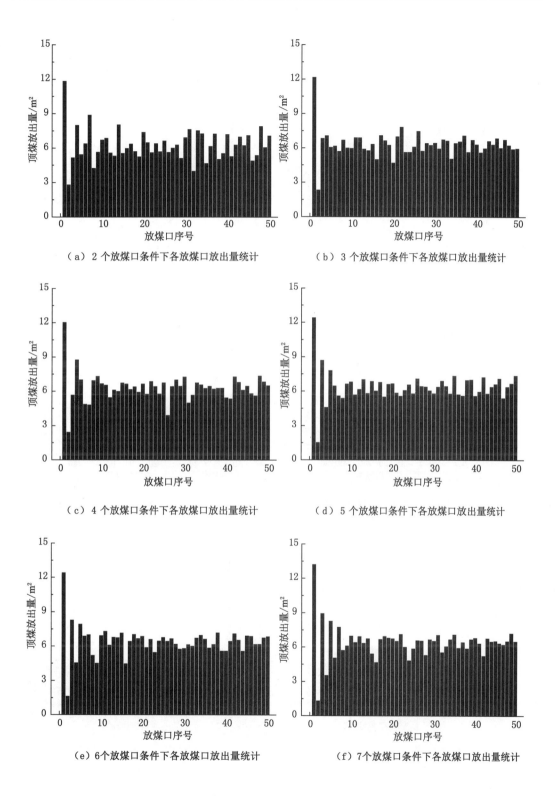

（a）2 个放煤口条件下各放煤口放出量统计

（b）3 个放煤口条件下各放煤口放出量统计

（c）4 个放煤口条件下各放煤口放出量统计

（d）5 个放煤口条件下各放煤口放出量统计

（e）6个放煤口条件下各放煤口放出量统计

（f）7个放煤口条件下各放煤口放出量统计

图 3-29　4.0 m 厚度顶煤时不同数量放煤口条件下各放煤口放出量统计

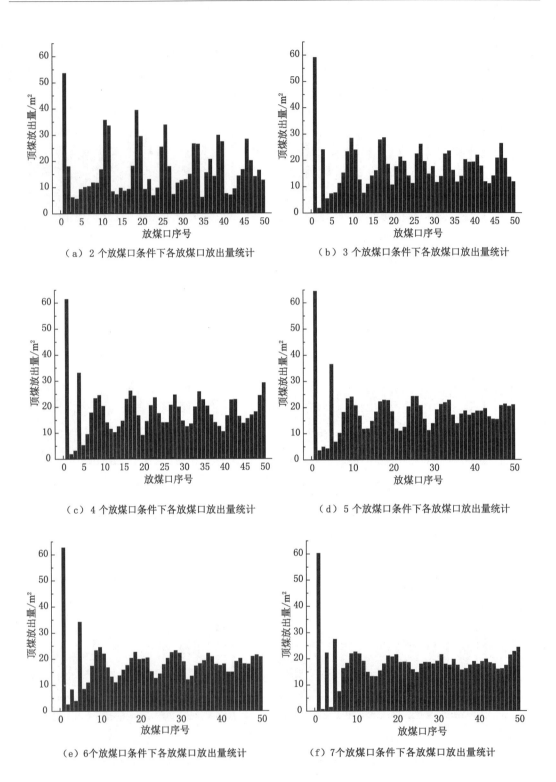

（a）2 个放煤口条件下各放煤口放出量统计

（b）3 个放煤口条件下各放煤口放出量统计

（c）4 个放煤口条件下各放煤口放出量统计

（d）5 个放煤口条件下各放煤口放出量统计

（e）6个放煤口条件下各放煤口放出量统计

（f）7个放煤口条件下各放煤口放出量统计

图 3-30　12.0 m 厚度顶煤时不同数量放煤口条件下各放煤口放出量统计

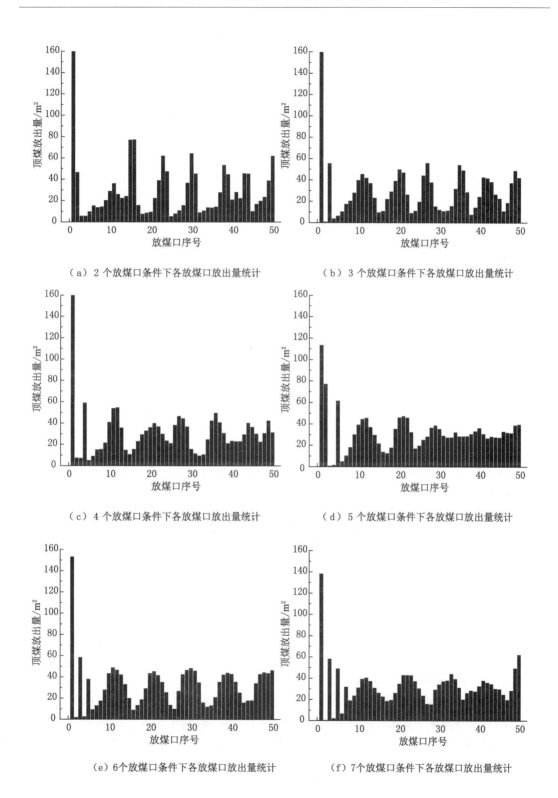

（a）2 个放煤口条件下各放煤口放出量统计

（b）3 个放煤口条件下各放煤口放出量统计

（c）4 个放煤口条件下各放煤口放出量统计

（d）5 个放煤口条件下各放煤口放出量统计

（e）6个放煤口条件下各放煤口放出量统计

（f）7个放煤口条件下各放煤口放出量统计

图 3-31　20.0 m 厚度顶煤时不同数量放煤口条件下各放煤口放出量统计

加到 7 个的均方差值。其分别为 26.52、24.03、23.23、17.74、22.40、19.30。均方差值总体上呈现出随放煤口数量的增加而减小的趋势。在同时打开 5 个放煤口时的均方差值为 17.74,小于同时打开 7 个放煤口时的均方差值 19.30。这是因为在同时打开 5 个放煤口的起始放煤模拟过程中,第 1 个放煤口由于顶煤颗粒在起始放煤过程中成拱堵塞了放煤口,导致第 1 个放煤口顶煤放出量偏小,进而导致第二个放煤口顶煤放出量相对较大,使得各放煤口顶煤回收量之间的差值减小。在其他几组不同放煤口数量条件下的起始放煤过程模拟中,第 1 个放煤口的顶煤回收量远大于其他各放煤口的,第二个放煤口的顶煤回收量远小于其他各放煤口的,使得各放煤口顶煤回收量之间的差值较大。在同时打开 5 个放煤口的起始放煤过程模拟中,各放煤口顶煤回收量相对于其他几组的更均衡。

从以上不同顶煤厚度时在不同放煤口数量条件下各个放煤口顶煤回收量的分析可以得出,在顶煤厚度较小时,多放煤口条件下各个放煤口顶煤回收量比较均匀,放煤效果较好;在顶煤厚度较大时,多放煤口条件下各放煤口顶煤放出量总体上随开启的放煤口数量的增加而越趋于均衡。这是因为当顶煤厚度较小时,在同时打开较少的放煤口数量时,就可以形成较平滑的煤岩分界面,顶煤放出量比较规律;当顶煤厚度较大时,需要同时打开较多的放煤口数量才能够形成相对平滑的煤岩分界面;随着同时打开的放煤口数量的增加,煤岩分界面越平缓,越有利于各放煤口的均衡放煤。因此,顶煤厚度越小,各放煤口顶煤回收量越趋于均衡;并且随着同时打开的放煤口数量的增加,各放煤口顶煤回收量也相对越接近。

3.6　单放煤口与多放煤口放煤效果对比

在单放煤口和多放煤口条件下,顶煤冒落速度、放煤效率、煤矸分界面形态及顶煤回收率有所不同。对于多放煤口放煤,放煤口宽度随同时打开的放煤口数量的增多而增大,顶煤颗粒的冒落速度与放煤口宽度成正比关系,即放煤口宽度越大,顶煤颗粒冒落速度越大,放煤效率越高;特别是在顶煤厚度较厚时,放煤口宽度的增加对于提高顶煤颗粒冒落速度和顶煤回收率的效果更为显著。对于单放煤口放煤,放煤口宽度较小,顶煤颗粒冒落速度慢,在冒落过程中容易发生相互挤压成拱,继而堵塞放煤口,导致顶煤无法顺利放出;相比较于多放煤口放煤,放煤效率大幅度降低。

在不同的放煤方式和顶煤厚度条件下,顶煤在冒落过程中形成的煤矸分界面形态和顶煤回收率不同。① 在多放煤口条件下,顶煤厚度小于 8.0 m、大于 8.0 m 小于 16.0 m、大于 16.0 m 小于 24.0 m 时,当同时打开的放煤口数量分别达到 3、4、5 个时,就可以使顶煤在冒落过程中形成较平滑的煤矸分界面。并且随同时打开的放煤口数量的增加,煤矸分界面越规整平滑。在多放煤口条件下,顶煤回收率随同时打开的放煤口数量增加而增大,顶煤回收率为 77.9%～90.5%,多数能够达到 85% 左右。② 在单放煤口条件下,顶煤冒落过程中形成的煤矸分界面形态与顶煤厚度相关。当顶煤厚度小于 8.0 m 时,煤矸互层不严重,煤矸分界面较规整;当顶煤厚度大于 8.0 m 小于 24.0 m 时,顶煤在单轮放煤过程中,煤矸互层严重,煤矸分界面混乱互层。在单放煤口放煤过程中,放煤口宽度小,顶煤冒落易彼此挤压成拱,继而堵塞放煤口,使顶煤无法顺利放出,造成较大的顶煤损失,这导致顶煤回收率为 73.2%～84.9%。虽然在单放煤口条件下,通过多轮放煤可以提高顶煤回收率,但是多轮放煤在实际操作中,难以控制每个放煤口的放煤量,不能做到精确控制每轮的放煤高度,在实际操作中不具备可行性。

另外,多轮放煤必然会增加放煤时间,降低放煤效率。因此,多放煤口放煤方式与单放煤口放煤方式相比,其大幅度地提高了放煤效率和顶煤回收率,同时还简化了放煤过程。

3.7　工作面走向方向上放煤步距数值模拟

综放工作面走向方向上放煤步距的选择对顶煤回收率影响比较大。过大和过小的放煤步距都将导致顶煤回收率的降低。根据目前煤矿综放工作面采煤机截深,选取采煤机截深的整数倍作为放煤步距。由于大放煤步距在生产实践中应用效果较差,顶煤损失严重,所以现场已很少采用。在此重点模拟"一刀一放"和"两刀一放"的放煤步距,即模拟 0.8 m、1.0 m、1.2 m、1.6 m 四种放煤步距。对于大步距的放煤,仅模拟 2.4 m 一种放煤步距。分别模拟和分析 4.0 m、8.0 m、12.0 m、16.0 m、20.0 m、24.0 m 厚度顶煤在这五种不同的放煤步距条件下的顶煤回收情况。

3.7.1　放煤步距对顶煤回收率的影响

以 4.0 m、12.0 m、20.0 m 厚度顶煤为例,详细说明不同顶煤厚度条件下放煤步距对顶煤回收率的影响。

(1)顶煤厚度为 4.0 m 时

① 4.0 m 厚度顶煤时在不同的放煤步距条件下前三次顶煤放出体的反演结果如图 3-32 所示。从图 3-32 中可以看出,4.0 m 厚度顶煤在不同放煤步距条件下前三次顶煤回收差异不明显。在放煤口左侧没有矸石边界时,不同放煤步距条件下的第一次顶煤放出量均较大,放出体形状为截割的类椭圆形。在随后的第二次和第三次放煤过程中,第一次顶煤放出量较大,顶煤上方的矸石运动到放煤口附近;第一次放煤结束移架后,矸石靠近放煤口左上方;当打开放煤口再次放煤时,容易造成放煤口附近的矸石提前混入而结束当次放煤。因此,第二次、第三次回收的顶煤放出量相对于第一次的顶煤回收量大幅度降低,仅有个别顶煤颗粒在矸石到达后部刮板输送机回收顶煤区域前被回收,无明显放出体形态。

② 4.0 m 厚度顶煤时在不同放煤步距条件下放煤的顶煤损失情况及煤矸互层情况如图 3-33 所示。在不同的放煤步距条件下,顶煤损失量和煤矸互层情况不同,从图中可以明显看出,在 0.8 m 放煤步距条件下,顶煤损失量较少,煤矸互层也较少,顶煤损失量最多的是在 2.4 m 放煤步距条件下的放煤模拟。在不同的放煤步距条件下,矸石下降界面均为无固定形态的锯齿状。

(2)顶煤厚度为 12.0 m 时

① 12.0 m 厚度顶煤时在不同的放煤步距条件下前三次顶煤放出体反演结果如图 3-34 所示。12.0 m 厚度顶煤时与 4.0 m 厚度顶煤时在前三次的顶煤回收规律大体相同,第一次顶煤回收量较大,放出体形态为截割的椭圆形。第二次、第三次顶煤回收量较小,且无明显的放出体形态。其中在 2.4 m 放煤步距模拟时,第一次放煤过程中,放煤口上方顶煤成拱,堵塞了放煤口,这导致 2.4 m 放煤步距时第一次放煤的顶煤回收量偏小;第二次和第三次放煤的顶煤回收量相对有所增加。12.0 m 厚度顶煤时在不同放煤步距条件下,除 2.4 m 放煤步距由于顶煤成拱造成顶煤回收量与其他几组的有较大差异外,其他几组模拟的前三次顶煤回收量差异不明显。

（a）0.8 m放煤步距

（b）1.0 m放煤步距

（c）1.2 m放煤步距

（d）1.6 m放煤步距

（e）2.4 m放煤步距

图3-32　4.0 m厚度顶煤时在不同放煤步距条件下前三次顶煤放出体反演结果

（a）0.8 m 放煤步距

（b）1.0 m 放煤步距

（c）1.2 m 放煤步距

（d）1.6 m 放煤步距

（e）2.4 m 放煤步距

图 3-33　4.0 m 厚度顶煤时在不同放煤步距条件下顶煤损失情况

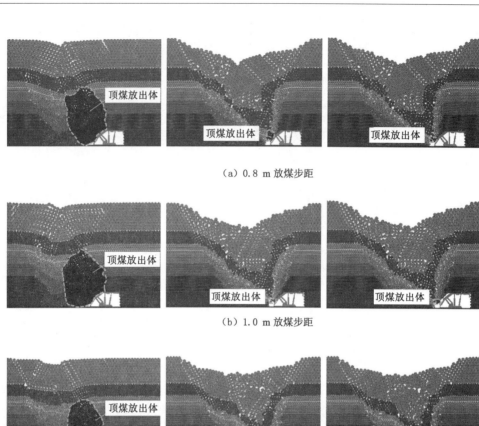

（a）0.8 m 放煤步距

（b）1.0 m 放煤步距

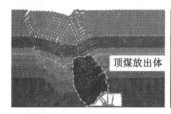

（c）1.2 m 放煤步距

（d）1.6 m 放煤步距

（e）2.4 m 放煤步距

图 3-34　12.0 m 厚度顶煤时在不同放煤步距条件下前三次顶煤放出体反演结果

② 12.0 m 厚度顶煤时在不同放煤步距条件下顶煤损失情况如图 3-35 所示。与 4.0 m 厚度顶煤时在不同放煤步距条件下的煤矸互层形态相比,12.0 m 厚度顶煤时的煤矸互层分界面比较明显,相邻的两个煤矸互层面水平距离为 10~12 m。由图 3-35 可以看出,0.8 m、1.0 m、1.2 m 放煤步距条件下的顶煤损失量明显少于 1.6 m、2.4 m 放煤步距条件下的顶煤损失量。

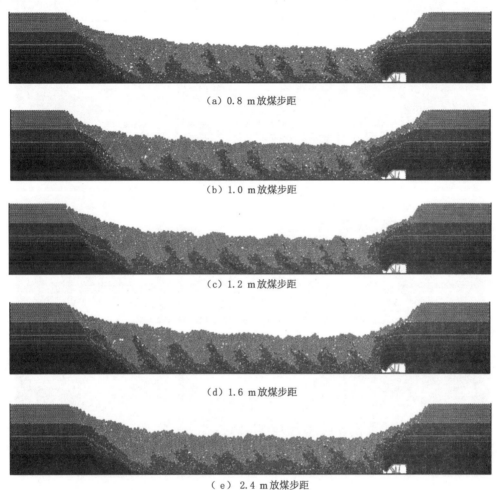

（a）0.8 m 放煤步距

（b）1.0 m 放煤步距

（c）1.2 m 放煤步距

（d）1.6 m 放煤步距

（e）2.4 m 放煤步距

图 3-35　12.0 m 厚度顶煤时在不同放煤步距条件下顶煤损失情况

（3）顶煤厚度为 20.0 m 时

① 20.0 m 厚度顶煤时在不同的放煤步距条件下前三次顶煤放出体反演结果如图 3-36 所示。20.0 m 厚度顶煤厚度大,顶煤运移轨迹长,相对于 4.0 m 和 12.0 m 厚度顶煤更易在放煤口上方形成煤拱,堵塞放煤口,使顶煤不能被顺利回收。在放煤步距为 1.6 m 和 2.4 m 时第一次放煤过程中均出现了不同程度的顶煤成拱现象,这降低了该放煤步距条件下的第一次放煤时顶煤回收量;在该放煤步距条件下的第二次、第三次放煤的顶煤回收量均有所提高。其他几组放煤步距条件下的顶煤回收量及顶煤放出体形态差别不大。

② 20.0 m 厚度顶煤时在不同放煤步距条件下顶煤损失情况如图 3-37 所示。顶煤厚度大,煤矸分界面长,在放煤过程中,容易发生放煤口后方的矸石先于放煤口上方的顶煤到达

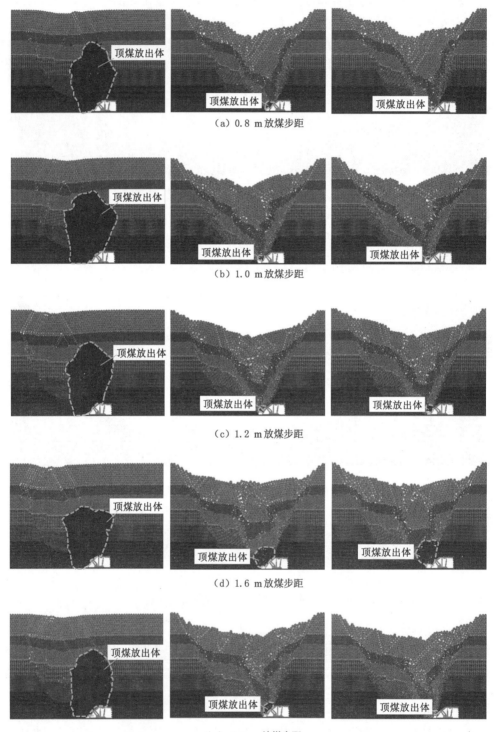

（a）0.8 m放煤步距

（b）1.0 m放煤步距

（c）1.2 m放煤步距

（d）1.6 m放煤步距

（e）2.4 m放煤步距

图 3-36　20.0 m厚度顶煤时在不同放煤步距条件下前三次顶煤放出体反演结果

（a）0.8 m 放煤步距

（b）1.0 m 放煤步距

（c）1.2 m 放煤步距

（d）1.6 m 放煤步距

（e）2.4 m 放煤步距

图 3-37　20.0 m 厚度顶煤时在不同放煤步距条件下顶煤损失情况

放煤口而导致放煤结束。因此在厚煤层放煤过程中,顶煤损失绝对量相对较人。相邻的两个煤矸互层面水平距离为 16～20 m。从图 3-37 中还可以看出,放煤步距为 1.2 m 条件下的顶煤损失量明显少于其他四组的,其中 1.6 m、2.4 m 放煤步距条件下的顶煤损失量最大。

3.7.2 放煤步骤对顶煤回收量的影响

为掌握在不同放煤步距条件下,每一个移架步距内的顶煤回收量大小,分别统计 4.0 m、12.0 m、20.0 m 厚度顶煤时在不同的放煤步距条件下每一个移架步距内的顶煤回收量。其统计结果如图 3-38 至图 3-40 所示。由此可以看出,各顶煤厚度条件下的单次移架步距内的顶煤回收量总体上随放煤步距的增大而增加。对于相同的顶煤厚度,不同的放煤步距条件下单次移架步距内顶煤回收量的离散程度不同。4.0 m 厚度顶煤时在 0.8 m、1.0 m、1.2 m、1.6 m、2.4 m 放煤步距条件下的各移架步距内的顶煤回收均方差分别为 2.90、3.11、3.38、4.19、4.27;12.0 m 厚度顶煤时,其分别为 12.23、13.64、15.64、16.37、15.10;20.0 m 厚度顶煤时,其分别为 23.40、31.48、31.41、31.22、37.55。由此可以看出,各移架步距内的顶煤放出量均方差总体上随放煤步距和顶煤厚度的增大而增大(即放煤步距和顶煤厚度越大,各放煤口的顶煤回收量越不均衡)。

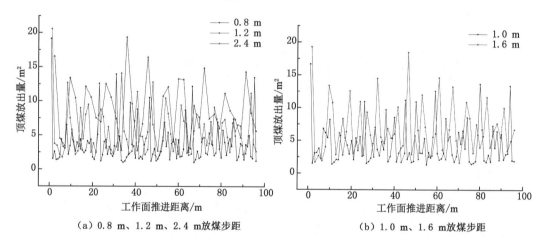

(a) 0.8 m、1.2 m、2.4 m放煤步距   (b) 1.0 m、1.6 m放煤步距

图 3-38　4.0 m 厚度顶煤时在不同放煤步距条件下单次放煤量统计

为对比不同顶煤厚度在不同的放煤步距条件下的顶煤回收率大小,需要对放煤过程中的顶煤回收量和顶煤放煤总量进行统计和计算。沿工作面走向上模拟的顶煤放出量统计方法与沿工作面倾向方向上模拟的略有不同。放煤区域顶煤总面积计算的是工作面放煤区域和左右两侧 5.0 m 的放煤影响边界区域的顶煤颗粒总面积。其区域如图 3-41 所示。顶煤回收率计算的是冒落在后部刮板输送机顶煤回收区域内的煤炭颗粒总面积与顶煤放煤区域的顶煤总面积之比。分别统计 4.0 m、8.0 m、12.0 m、16.0 m、20.0 m、24.0 m 厚度顶煤时在不同的放煤步距条件下的顶煤回收率。其统计结果如图 3-42 所示。

从图 3-42 可以看出,除 4.0 m 厚度顶煤时最佳放煤步距为 0.8 m 外,其余顶煤厚度时最佳放煤步距均为 1.2 m。其中 4.0 m 厚度顶煤时在 1.2 m 放煤步距条件下的顶煤回收率

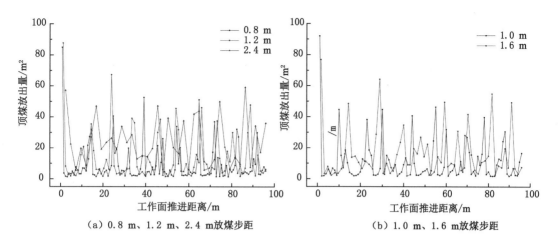

（a）0.8 m、1.2 m、2.4 m放煤步距　　　　（b）1.0 m、1.6 m放煤步距

图 3-39　12.0 m 厚度顶煤时在不同放煤步距条件下单次放煤量统计

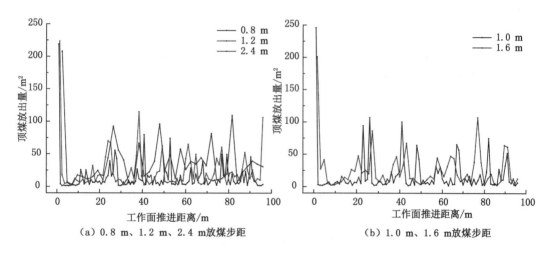

（a）0.8 m、1.2 m、2.4 m放煤步距　　　　（b）1.0 m、1.6 m放煤步距

图 3-40　20.0 m 厚度顶煤时在不同放煤步距条件下单次放煤量统计

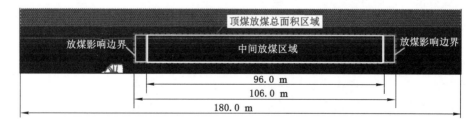

图 3-41　工作面走向方向上顶煤放煤统计中总放煤区域示意图

仅比 0.8 m 放煤步距条件下的顶煤回收率低 1.53%。在 1.2 m 的放煤步距条件下,随着顶煤厚度的增大,顶煤回收率相对于其他放煤步距条件下的顶煤回收率提高越明显。目前综放工作面采煤机截深多为 0.8 m,放煤步距可取 0.8 m、1.6 m、2.4 m。根据上述模拟结果可以看出,最佳放煤步距为 0.8 m。若能够增大放煤步距至 1.2 m,则顶煤回收率可进一步提高。

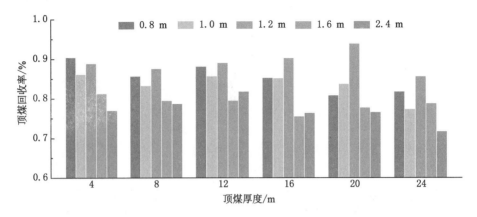

图 3-42 不同厚度顶煤时在不同的放煤步距条件下顶煤回收率统计

3.8 本章小结

根据同忻煤矿 8202 综放工作面的地质条件,建立了沿工作面倾向方向和工作面走向方向上的数值模拟模型,对提出的起始放煤方式进行了检验,模拟和对比了不同的单放煤口放煤方式和不同放煤口数量的多放煤口放煤方式的放煤规律和放煤效果,也模拟和对比了综放工作面走向方向上的不同放煤步距。本章得到的主要结论如下:

(1)在综放工作面单放煤口放煤过程中,脊背煤损失的最终状态向已放煤的放煤口侧倾斜;各放煤口放煤量的差异跟一次顶煤放出高度负相关(即一次顶煤放出高度越大、各放煤口放煤量差异越大、顶煤回收率越低)。

(2)相关试验证明,"同时开启逆次关闭"多放煤口起始放煤方式优于其他常规的起始放煤方式。

(3)在综放面多放煤口放煤过程中,顶煤厚度越小,形成平滑倾斜的煤岩分界面所需同时打开的放煤口数量越少,煤岩分界面曲线越平缓,顶煤回收越多,煤矸互层现象越少,各个放煤口顶煤放出量越均匀,顶煤回收率越高。

(4)多放煤口放煤相比较于单放煤口放煤,放煤效率大幅度提高。在多放煤口放煤条件下,放煤过程中的煤岩分界面相对平滑,顶煤回收率随同时打开的放煤口数量增加而增大,顶煤回收为 77.9%～90.5%,多数能够达到 85% 左右。在单放煤口放煤条件下,顶煤冒落过程中形成的煤矸分界面形态与顶煤厚度相关;当顶煤厚度小于 8.0 m 时,煤矸互层不严重,煤矸分界面较规整;当顶煤厚度大于 8.0 m 小于 24.0 m 时,煤矸互层严重,单轮顺次放煤的顶煤回收率为 73.2%～84.9%。

(5)通过对不同顶煤厚度为 0.8 m、1.0 m、1.2 m、1.6 m 和 2.4 m 时五种放煤步距条件下的顶煤放出过程进行模拟,得出:各移架步距内的顶煤放出量均方差总体上随放煤步距和顶煤厚度的增大而增大;当放煤步距为 1.2 m 时,顶煤回收率最大;在当前采煤机截深为 0.8 m 条件下,最佳放煤步距为 0.8 m。

第 4 章　煤岩识别机理研究

综放工作面多放煤口协同放煤需要把目前人工粗略的煤岩判断方法改变为快速、准确、可靠的煤岩自动识别方法。煤岩的自动识别技术是实现多放煤口协同放煤的基础和保障，也是实现智能化放煤的关键性技术。因此，有必要对这一技术难点进行研究和解决。针对目前国内外学者研究的煤岩识别方法所出现的一些问题，根据煤、矸石的物理、化学特性，提出微波照射-红外探测的主动式煤岩识别方法。通过理论分析和实验室试验研究该煤岩识别方法的识别机理和可行性。

4.1　微波与红外热成像介绍

微波是指频率在 0.3～300 GHz、对应的波长为 1～1000 mm 的电磁波。微波频段在电磁波谱中的位置，如图 4-1 所示。微波位于红外辐射和无线电波之间。波长在 10～250 mm 之间的微波常用于雷达发射，其余的微波则广泛应用于通信行业。用于加热的微波波长一般为 122 mm(2.45 GHz)或 328 mm(915 MHz)。

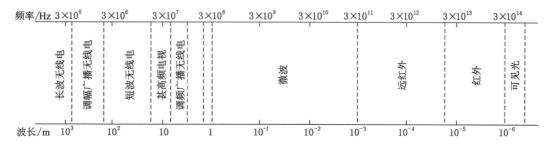

图 4-1　电磁波谱图

1864 年 12 月，麦克斯韦在总结以往电磁学实验和理论的基础上，提出了电磁场的完整方程组，并预言了电磁波的存在和电磁波与光波的同一性。这些基本方程是描述宏观电磁现象的理论基础，也是研究微波与物质相互作用机理的基础。微分形式的麦克斯韦方程组为：

$$\boldsymbol{\nabla} \times \boldsymbol{H} = \boldsymbol{J} + \frac{\partial \boldsymbol{D}}{\partial t\boldsymbol{H}} \tag{4-1}$$

$$\boldsymbol{\nabla} \times \boldsymbol{E} = -\frac{\partial \boldsymbol{B}}{\partial t\boldsymbol{H}} \tag{4-2}$$

$$\boldsymbol{\nabla} \times \boldsymbol{B} = 0 \tag{4-3}$$

$$\boldsymbol{\nabla} \times \boldsymbol{D} = \boldsymbol{\rho}_{v} \tag{4-4}$$

式中 H、J、D、E、B 和 ρ_v 分别表示磁场强度、电流密度、电位移、电场强度、磁感应强度和电荷密度。

对式(4-1)取散度,并应用式(4-4)可得到电流连续性方程为:

$$\boldsymbol{V} \cdot \boldsymbol{J} = -\frac{\partial \boldsymbol{\rho}_v}{\partial t} \tag{4-5}$$

描述一个运动速度为 v 的电荷 q,在电磁场中所受到的电场力和磁场力的公式是洛伦兹力公式。

$$\boldsymbol{F} = q(\boldsymbol{E} + \boldsymbol{v} + \boldsymbol{B}) \tag{4-6}$$

以上方程共同构成了描述宏观电磁现象的基础。

在电磁波的频谱中,红外线的波长为 $0.78 \sim 1\,000\ \mu m$。对于波长在 $0.78 \sim 1.4\ \mu m$ 范围内的部分称之为近红外区。近红外区是由低能电子跃迁,含氢原子团经过一系列振动、收缩、倍频及吸收产生的。可利用近红外区对过渡金属离子化合物等进行研究。波长在 $1.4 \sim 3\ \mu m$ 的部分称之为中红外区。中红外区的特征是分子振动伴随转动。基频振动是红外光谱中吸收最厉害的振动,适用于物质的定量和定性的分析以及热图像方面的研究。波长在 $3 \sim 1\,000\ \mu m$ 的部分称之为远红外区。远红外区是由气体分子纯转动跃迁、变角振动或晶体振动等形成的。通常利用远红外区来研究异构体。红外光谱图如图4-2所示。

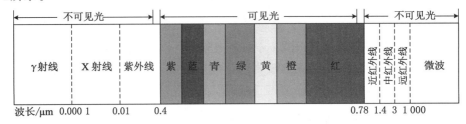

图4-2 红外光谱图

一切温度高于热力学零度的物体都在以电磁波的形式向外辐射能量。这些物体的辐射能包括各种波长。相关研究发现:红外辐射对大气的穿透性和波长有很大关系。只有几个特定波段的红外辐射能够较好地穿透大气。这几个特定的波段被称为"大气窗口"。红外热成像技术就是利用红外辐射的"大气窗口"的波段进行成像。红外测温技术的理论基础是普朗克分布定律。该定律揭示了黑体辐射能量在不同温度下按波长的分布规律。其数学表达式为:

$$E_{b\lambda} = \frac{c_1 \lambda^{-s}}{e^{c_2/\lambda T} - 1} \tag{4-7}$$

式中,$E_{b\lambda}$ 为黑体光谱辐射通量密度;c_1 为第一辐射常数;c_2 为第二辐射常数;λ 为光谱辐射的波长;T 为黑体的绝对温度。

红外热成像探测的具体过程是:红外光学系统首先接收并收集来自物体发射的经大气传输的红外线辐射能量,经光学镜片处理,使接收的红外辐射能量到达红外探测器表面;之后将红外探测器表面发出的信号经电路系统进行收集、放大、整形,数/模转换后成为数字信号,在显示器上通过图像把这些数字信号显示出来。图像中的每一个点的灰度值与被测物体上该点发出并到达光电转换器件的辐射能量相对应。经过运算,就可以从红外热像仪的图像上读出被测物体表面的每一个点的辐射温度值。在使用中,可以读取整个图像中的平均温度作为被测物体的温度。这种以测量较大范围区域内的平均温度作为测试物体的平均温度的方法,相比较于以往应用的根据一个测试点或者一条测试线的温度作为被测物体的平均温度的方法,更加准确可靠。

4.2　微波加热材料机理研究

微波加热材料是一项新技术。它具有众多其他加热材料方法无法比拟的优点。研究微波与材料间的相互作用机理,了解微波加热的原理及特点,对微波在煤矿中的应用具有指导意义。

4.2.1　微波加热原理介绍

根据材料对微波的敏感特性,可以将材料分为微波反射材料、微波透明材料和微波吸收材料,如图 4-3 所示。

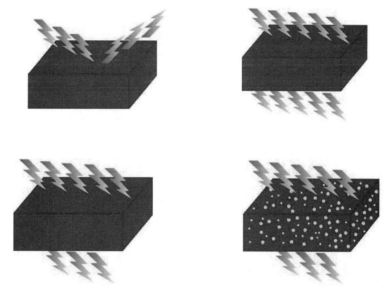

图 4-3　微波材料的分类

微波反射材料是指在微波照射下,入射波很少穿透过材料,大部分微波被反射的一类材料。这类材料包括导电性好的铜、铁、铝等金属材料。由于微波大部分被反射,微波反射材料不能被微波加热。

微波透明材料是指在微波照射下,入射波可以完全穿透过材料而几乎不减少,微波没有任何损耗的一类材料。这类材料在微波照射后不能被加热。这类材料包括玻璃、聚四氟乙烯、苯等低介电损耗材料。

微波吸材料是指具有极性或者磁性的材料和多相材料复合而成的一类材料。在微波照射下,这类材料温度升高明显。这类材料包括水、含碳材料、钢筋混凝土等。微波吸收材料在微波作用下能够被加热,是因为材料中的极性分子可以与微波相互作用。在微波没有接通情况下,这类材料中的极性分子随机分布在材料内,对外不显示其极性。这类材料在微波作用下会产生介质极化。在介质极化的过程中,极性分子由原来的随机分布状态转向依照电场的极性排列取向,极性分子带负电荷的一端向电场正极移动,极性分子带正电荷的一端向电场负极移动,进而形成有一定规律的排列。由于微波电磁场的频率很高,所以随着交变电磁频率的不断变化,分子的趋向也不断变化,如图4-4所示。但是材料内部的介质极化过程无法跟随上外电场的快速变化过程,从而引起材料中极性分子出现急剧振动,而弹性惯性和摩擦力使这些运动受到阻碍,相邻极性分子之间因为相互作用而产生热量,这样就将电磁能转换为热能,使得材料内部和表面的温度迅速升高。

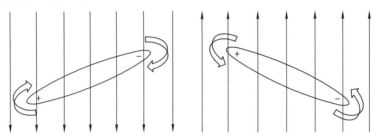

图 4-4　电磁场中极性分子方向调整

材料在微波作用下温度升高,其物理过程是材料内部将微波能转化为内能的过程。材料处在微波场中,会受到两种场的作用,即受到电场和磁场的作用。在电场作用下,物质有两种能量损耗方式,即电导损耗和介电损耗。在磁场作用下,物质存在磁损耗。因此综合来讲,微波损耗的机制可分为三种类型:电阻型损耗、介电损耗、磁损耗。其可用式(4-8)表示:

$$P_{total} = P_e + P_m + P_{con} \qquad (4-8)$$

式中,P_{total}、P_e、P_m 和 P_{con} 分别为微波与材料相互作用过程中总的能量损耗功率、介电损耗功率、磁介质损耗功率和电导损耗功率。在微波与材料相互作用的过程中,各种损耗与材料的特殊物理性能有关。

4.2.2　微波加热效率计算

微波加热岩石的过程一般被认为是介电加热。岩石的微波损耗机制主要为介电损耗。岩石介质是由许多极性分子和非极性分子组成。极性分子在交变的电场中,易形成偶极子而产生偶极矩。微波中电磁场的方向会急速变化。这些偶极子的极化方向随着交变电磁场方向的改变而急速变化,从原来的杂乱无章状态转向沿交变电场的场强方向排列。此时岩石内部电介质分子就必须克服分子间的范德华力,进而在高速变化的交变电场下剧烈摩擦。在这个微观过程中,岩石介质内部分子因高速运动和剧烈摩擦而产生热量。能量从交变电场的电磁能转化为岩石介质内分子的热能。能量转变的宏观表现是岩石介质温度不断升高。

在微波照射下,材料温度的升高主要取决于材料的吸热与散热。但材料的热量交换非常复杂。为了简化问题,做出一些理想化假设:① 加热体系中能量只来源于微波源;② 能量的输出主要通过容器壁的热传导向微波腔内散失;③ 辐射、对流是造成能量损失的主要原因;④ 材料和容器壁的初温和末温相同。

假定材料质量为 m,比热容值为 C,表面积为 A,体积为 V。材料在 Δt 时间内吸收的微

波能量 Q 为：

$$Q = 2\pi fV\varepsilon_0\varepsilon'\tan\delta\,|E|^2\Delta t \tag{4-9}$$

材料向容器壁传热 Q_1 为：

$$Q_1 = K_1A_1(T_m - T_n) \tag{4-10}$$

式中　f——微波频率，Hz；

　　　ε_0——真空绝对介电常数；

　　　ε'——材料的介电常数实部，表示材料对外加电场的响应；

　　　$\tan\delta$——介电损耗角正切值，表示材料将吸收的微波能转化为内能的效率；

　　　E——材料内部的有效电场强度，V/m；

　　　K_1——容器壁与材料间的传热系数；

　　　A_1——容器壁与材料的接触面积，m²；

　　　T_m——材料的末温，℃；

　　　T_n——容器壁的初始温度，℃。

由上面的假设可得材料在整个微波加热过程中的温度变化量 ΔT 为：

$$\Delta T = T_m - T_n \tag{4-11}$$

所以，任意 Δt 时间内，材料吸收的净能量 Q_2 为：

$$Q_2 = Q - Q_1 = 2\pi fV\varepsilon_0\varepsilon'\tan\delta\,|E|^2\Delta t - K_1A_1(T_m - T_n)$$
$$= 2\pi fV\varepsilon_0\varepsilon'\tan\delta\,|E|^2\Delta t - K_1A_1\Delta T \tag{4-12}$$

因为

$$Q_2 = Cm\Delta T \tag{4-13}$$

联立式(4-12)、式(4-13)，化简可得：

$$\frac{\Delta T}{\Delta t} = \frac{2\pi fV\varepsilon_0\varepsilon'\tan\delta\,|E|^2}{Cm + K_1A_1} \tag{4-14}$$

由式(4-14)可知，材料升温速率和 E、m、ε' 等参数有关。不同的材料具有不同的微波吸收能力。

若不考虑热辐射损失和热扩散的情况下，式(4-14)可简化为：

$$\frac{\Delta T}{\Delta t} = \frac{2\pi fV\varepsilon_0\varepsilon'\tan\delta\,|E|^2}{Cm} = \frac{2\pi f\varepsilon_0\varepsilon'\tan\delta\,|E|^2}{C\rho} \tag{4-15}$$

式中，ρ 为材料的密度，kg/m³。

4.2.3　微波穿透深度计算

微波在媒介中传播时，被介质吸收而损耗衰减。因此，微波穿透材料深度有一定限度。微波只能在一定深度范围内与材料发生相互作用，此深度称为微波穿透深度。该指标表征材料与微波相互作用时，微波穿透材料的程度。该指标直接表征微波加热材料的效果。微波穿透深度具体量化为：当功率密度从材料表面时衰减至材料表面值的 $1/e$ 时的距离 (D_p)，如图 4-5 所示。

假设在笛卡尔坐标系下，微波沿 Z 轴传播，无源一维微波的麦克斯韦方程在理想介质中的波动方程为：

$$\frac{\partial^2 E}{\partial Z^2} = \varepsilon_0\varepsilon_r^*\mu_0\mu_r^*\frac{\partial^2 E}{\partial t^2} \tag{4-16}$$

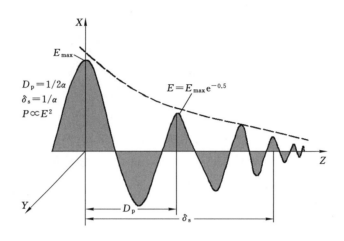

图 4-5 平面波在有损耗媒介中传播

$$\frac{\partial^2 H}{\partial Z^2} = \varepsilon_0 \varepsilon_r^* \mu_0 \mu_r^* \frac{\partial^2 H}{\partial t^2} \tag{4-17}$$

式中　ε_r^*——材料相对介电常数；

　　　μ_0——材料真空磁导率；

　　　μ_r^*——材料相对磁导率。

作为平面波，其电场和磁场具有如下形式：

$$E = E_{\max} e^{j\omega t - \gamma Z} \tag{4-18}$$

$$H = H_{\max} e^{j\omega t - \gamma Z} \tag{4-19}$$

其中，γ 为传播系数。其表达式为：

$$\gamma = j\omega(\varepsilon_0 \varepsilon_r^* \mu_0 \mu_r^*)^{1/2} = j\omega\left[(\varepsilon_0 \mu_0 (\varepsilon'_r - j\varepsilon''_r)(\mu'_r - j\mu''_r))\right]^{1/2} \tag{4-20}$$

式中　ε'_r——材料相对介电常数实部；

　　　ε''_r——材料相对介电常数虚部；

　　　μ'_r——材料相对磁导率实部；

　　　μ''_r——材料相对磁导率虚部。

令：

$$\gamma = \alpha + j\beta \tag{4-21}$$

γ 是复数。式(4-21)中 α 和 β 分别是 γ 的实部和虚部。求解 α 和 β 时只需将式(4-20)右项展开，化简得到一复数表达式，展开化简后的式(4-20)与式(4-21)的实部、虚部对应，可得到 α 和 β 的表达式。或将复介电常数和复磁导率的实际数据直接带入式(4-20)化简，然后与式(4-21)对比，得到相应的 α 和 β 具体数值。

将式(4-21)带入式(4-18)，得到微波在媒介中的一维传播波动方程的另一种表达式为：

$$E = E_{\max} e^{-\alpha Z} e^{(j\omega t - \beta z)} \tag{4-22}$$

进一步分析后可以看出，α 和 β 都是正数。第一个因子 $e^{-\alpha Z}$ 随 Z 增加而减小，被称为衰减因子，α 被称为衰减常数。第二个因子 $e^{-j\beta Z}$ 被称为相位因子，β 被称为相位常数，表示微波传播一定距离所产生的相移量。

微波耗散功率与微波电场关系为 $P \propto E^2$，微波耗散功率与第一项衰减因子的关系为 P

$\propto e^{2aZ}$。根据微波穿透深度的定义，微波在材料表面的功率为 $P_{\max}$，进入材料 D_p 距离后其衰减为 $P_{\max}e^{-1}$，即 $P_{\max}e^{2aZ}=P_{\max}e^{-1}$。由此可以得到微波穿透深度 D_p 的表达式为：

$$D_p = Z = \frac{1}{2\alpha} \tag{4-23}$$

微波的穿透深度 D_p 与衰减常数 α 有关。因此可根据式（4-20）和式（4-21）的实部和虚部相，求解出 α 和 β。对于无磁损耗的电介质而言，$\mu_r^* = \mu'_r$，α 和 β 的解为：

$$\alpha = w\left(\frac{\mu_0\varepsilon_0\varepsilon'_r\mu'_r}{2}\right)^{1/2}\left[\left(1+\left(\frac{\varepsilon^*_{\text{eff}}}{\varepsilon'_r}\right)\right)-1\right]^{1/2} \tag{4-24}$$

$$\beta = w\left(\frac{\mu_0\varepsilon_0\varepsilon'_r\mu'_r}{2}\right)^{1/2}\left[\left(1+\left(\frac{\varepsilon^*_{\text{eff}}}{\varepsilon'_r}\right)\right)+1\right]^{1/2} \tag{4-25}$$

式中　$\varepsilon''_{\text{eff}}$——材料等效介电常数虚部。

式（4-24）中角频率 $w=2\pi f$。对于电介质 $\mu'_r=1$，将式（4-24）代入式（4-23）简化后可得到微波在电介质中的穿透深度 D_p 为：

$$D_p = \frac{1}{2\alpha} = \frac{C}{2\pi f \sqrt{2s'}\left(\sqrt{1+\tan^2\delta}-1\right)^{1/2}} \tag{4-26}$$

其中，C 为光速，m/s。

弱吸波矿物复介电常数和介电损耗小，微波穿透深度大；强吸波矿物介电损耗大，微波穿透深度小。

4.2.4　微波加热特点分析

微波加热不同于传统加热。传统加热是通过辐射、对流、传导三种方式由外到内进行。微波加热是材料在电磁场中产生介电损耗而把电磁能量转化的结果。微波加热具有以下特点。

（1）选择性加热。由于材料吸收微波能的能力取决于材料自身的介电性质，所以不同介质吸收微波的能力是不同的。微波能够对混合物中的各个组分进行选择性加热。不同材料（A、B）在常规加热和微波加热下的温度变化如图 4-6 所示。

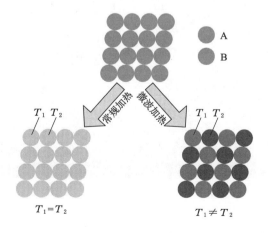

图 4-6　不同材料在常规加热和微波加热下温度变化

（2）整体性加热。微波加热时，微波进入材料内部直接与材料分子作用，在被加热物质的任何部位同时产生热量。微波加热具有整体加热性且均匀性。

（3）即时性加热。微波加热是随微波的产生或消失而开始或终止的，无滞后效应。微波加热，可以做到即开即用、即关即停。

（4）迅速性加热。在微波加热过程中，材料各部位无论形状如何，都能均匀渗透电磁波而产生热量。因此微波加热速度快，能量利用率高。

（5）微波加热还具有节能高效、无污染、对人体无害、加热方法简便等特点。

正是基于以上微波加热材料的选择性、均匀性、即时性、迅速性和简便性等特点，提出利用微波照射主动增大煤、矸石之间的温度差异，利用红外热成像仪获取该差异，为快速、精确识别煤、矸石提供新的方法和思路。

4.3 煤、矸石化学成分分析

为探究在微波照射条件下，煤、矸石所能呈现出的差异性大小，分别用扫描电镜和 X 射线能谱仪对煤、矸石的元素特征和矿物成分特征进行测定，分析煤、矸石在化学组成成分上的差异。

4.3.1 煤、矸石元素特征分析

试验时使用 Merlin Compac 型场发射扫描电镜试验设备。该设备具有超高分辨率，主要由数据处理计算机、能谱仪、喷金仪、扫描电子显微镜等组成。该设备可以进行材料表层的微区点线面元素的定性、半定量及定量分析，具有形貌、化学组分综合分析能力。扫描电镜试验设备如图 4-7 所示。

图 4-7　扫描电镜试验设备

为分析煤、矸石中主要化学元素的组成，在同忻煤矿 8202 综放工作面采集试验样品，进行扫描电镜试验。

（1）制备样品

取适量采集到的煤、矸石样品放在研钵（见图 4-8）中研磨成粉。将研磨成粉的煤、矸石样品各取 50 g 备用。研磨后的煤、矸石样品如图 4-9 所示。

图 4-8　研磨样品的研钵

（2）预处理样品

先将制备好的煤、矸石样品进行烘干处理；再将烘干后的煤、矸石样品各取适量用铜导电胶粘在载样台上，擦掉没有粘紧的粉末颗粒；之后将载样台放在喷金仪内，抽真空并对试样喷镀金膜。喷镀金膜后的煤、矸石样品如图 4-10 所示。

图 4-9　研磨后的煤、矸石样品　　　　　图 4-10　喷镀金膜后的煤、矸石样品

（3）进行扫描电镜试验

用试验专用铁钳将载样台上处理好的煤、矸石样品放置在扫描电镜设备的载物台上，调整好试验初始参数，进行试验。

（4）生成试验结果

在煤、矸石的元素特征测试试验中，首先利用扫描电镜挑选导电性好的试验样品颗粒；然后调整放大倍数，对焦至颗粒清晰可见，如图 4-11(a)、图 4-12(a)所示。试验中选定的放大倍数均为 2 500 倍。试验颗粒选定后，再利用 X 射线能谱仪圈定待分析的区域，如图 4-11(b)、图 4-12(b)所示；分析区域圈定后，设备自动对圈定区域内的元素分布进行分析。煤、矸石样品元素分布如图 4-13、图 4-14 所示。由图 4-13 和图 4-14 可以看出：煤、矸石中的主要组成元素都是 C、O、Al、Si。

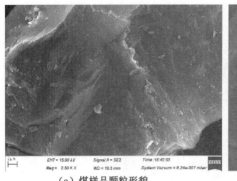

（a）煤样品颗粒形貌 （b）选定待分析区域

图 4-11 煤样品元素特征测试

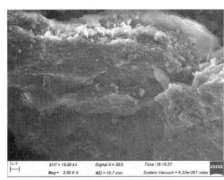

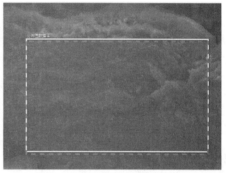

（a）矸石样品颗粒形貌 （b）选定待分析区域

图 4-12 矸石样品元素特征测试

（5）分析试验结果

煤、矸石样品扫描电镜元素定量分析试验结果如表 4-1 所示。X 射线能谱仪测定的元素原子百分比和质量百分比为半定量结果。元素的原子百分比＝该元素的原子个数/各元素的原子个数之和,元素的质量百分比＝该元素的原子百分比×该元素原子量/（各元素的原子百分比×各元素的原子量之和）。从表 4-1 可以看出:煤、矸石中的组成元素有 C、O、Si、Al、S、K、Fe、Cl、Mg,其中 C、O、Si、Al 等 4 种元素总含量达到 99％以上。煤、矸石样品主要元素含量测试结果对比如图 4-15 所示。煤、矸石中的 C、O、Si、Al 等 4 种元素含量百分比相差较大。① 煤中 C 元素原子百分比达到 90.8％,质量百分比达到 86.4％;② 矸石中 C 元素原子百分比达到 44.5％,质量百分比达到32.8％;③ 煤中 C 元素含量为矸石中 C 元素含量的 2 倍多,矸石中的 O、Si、Al 等 3 种元素总含量为煤中的 3 倍多。由此可见,煤、矸石中的组成元素种类基本相同,但是主要元素含量相差较大（煤主要以 C、O 元素为主,且 C 元素占比 85％左右;矸石以 C、O、Si、Al 元素为主,C 元素占比 30％左右,O 元素占比 38％左右）。煤中 C 元素含量远高于矸石的,矸石中的 O、Si、Al 等 3 种元素含量远高于煤的。

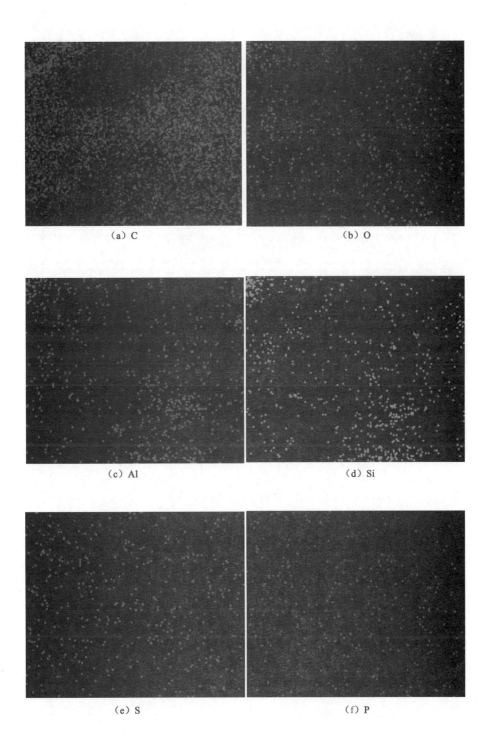

图 4-13 煤样品主要元素分布

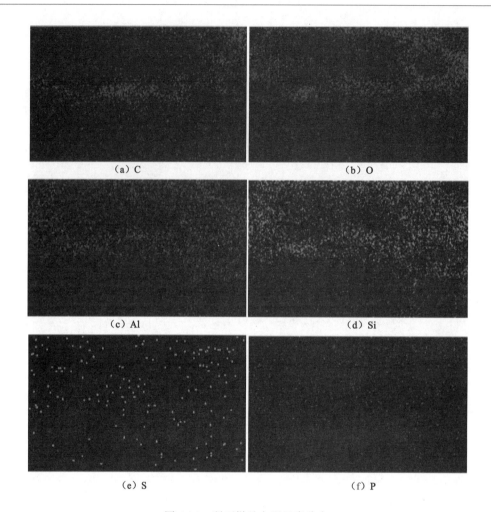

(a) C   (b) O
(c) Al   (d) Si
(e) S   (f) P

图 4-14　矸石样品主要元素分布

表 4-1　煤、矸石样品扫描电镜元素定量分析试验结果

元素 \ 样品	煤		矸石	
	原子/%	质量/%	原子/%	质量/%
C	90.8	86.4	44.5	32.8
O	7.6	9.6	38.7	38.2
Si	0.7	1.6	7.6	13.1
Al	0.7	1.5	8.5	14.1
S	0.2	0.5		0.1
K		0.1	0.1	0.2
Fe		0.1		0.1
Cl		0.1		
Mg		0.1		
Ti			0.3	0.8
P			0.1	0.2
Cu			0.1	0.2
Ca			0.1	0.1
Na				0.1

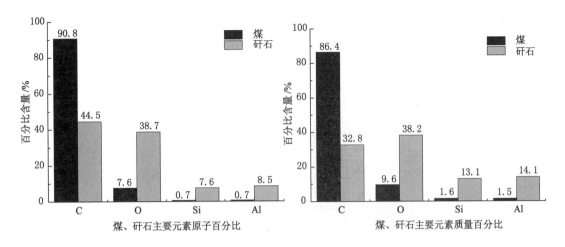

图 4-15　煤、矸石样品主要元素含量测试结果对比

4.3.2　煤、矸石成分特征分析

为分析煤、矸石的矿物成分特征,对比煤、矸石组成成分的差异,进行煤、矸石的 X 射线衍射试验。试验中用到的 X 射线衍射仪是德国 Bruker 公司生产的,如图 4-16 所示。该设备利用高能电子束轰击金属"铜靶"产生 X 射线,X 射线照射在被测物质上。由于每种被测物质中晶体的晶胞大小、原子数目、点阵类型等结构参数不同,所以将得到的各种物质的衍射图谱与标准 X 射线衍射图谱对比,就可确定被测物质的组成成分。

图 4-16　X 射线衍射仪

（1）制备样品

取适量采集到的煤、矸石样品放在研钵中研磨成粉。将研磨成粉的煤、矸石样品各取 50 g 备用。研磨后的煤、矸石样品如图 4-17 所示。

图 4-17　研磨后的煤、矸石样品

（2）预处理样品

先将制备好的煤、矸石样品进行烘干处理，再将烘干后的煤、矸石样品各取适量放在试验专用载样台槽内（如图 4-18 所示）。

（a）煤　　　　　　（b）矸石

图 4-18　X 射线衍射试验样品

（3）进行衍射试验

采用背压法将样品均匀压紧成型放入 X 射线衍射仪载物台进行试验。

（4）分析试验结果

X 射线衍射仪对试验样品进行扫描后，自动生成图谱。参照标准图谱，对试验图谱中的各成分进行标定。煤、矸石样品 X 射线衍射结果如图 4-19 所示。由图 4-19 可以看出：煤中的主要成分是碳，占比 90% 以上；含有少量的高岭石和石英。矸石中的主要成分是碳、高岭石、石英；其中碳含量在 40% 左右，高岭石和石英总含量在 50% 左右。

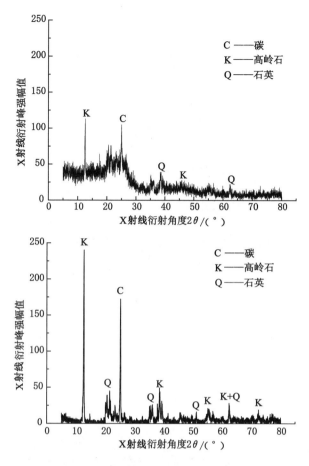

图 4-19　煤、矸石 X 射线衍射试验结果

4.4　煤、矸石物理性质测试

为探究煤、矸石的升温速率和微波吸收能力的差异,在实验室分别用激光法导热分析仪和矢量网络分析仪,测试影响煤、矸石升温速率和微波吸收能力的关键参数(比热容值和介电常数值)。

4.4.1　煤、矸石比热容值测试

材料的比热容值是指单位质量的该材料改变单位温度时放出或者吸收的能量,表征材料的散热或者吸热能力。煤、矸石的比热容值测试是为了掌握煤、矸石在微波照射下,将吸收的微波能量转化为热能的能力大小。在中南大学粉末研究院质检中心完成该试验。采用的仪器是 LFA457 型激光法导热分析仪(如图 4-20 所示)。

(1)制备样品

采用激光法导热分析仪测定固体材料的比热容值时,需要将现场采取的测试材料加工成 ϕ12.5 mm($\pm$0.05 mm)$\times$2.5 mm($\pm$0.05 mm)的小薄片试样。为了保证试验样品尺寸的精确度,首先将试验样品粉碎为粉末状然,然后将计算好的一定质量的粉末状样

图 4-20　LFA457 型激光法导热分析仪

品倒入特制的 ϕ12.5 mm 压模装置内,在 100 MPa 的压力下将倒入的粉末状样品压制成试验所需的小薄片试样。制得的煤、矸石样品密度分别为 1.207 g/cm³、2.153 g/cm³。煤、矸石样品各制备 3 个备用。比热容值测试样品制备过程如图 4-21 所示。

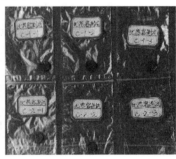

图 4-21　比热容值测试样品制备

（2）设定试验参数

将制好的煤、矸石样品放入试验仪器载物台。在打开的测量软件中输入样品基本参数,设定试验基本信息。试验中所采用的试验模型均为卡佩尔脉冲修正模型。所用激光电压为 1 634.0 V;激光产生设备为 LFA457 Laser;定中心锥参数为 STD SiC 12.7 mm;充入气体为氩气,氩气流量为 60.00 mL/min。

（3）生成试验结果

样品参数输入和试验仪器参数设定完毕后,输入测量所需的温度点。闪射次数选择 3 次。点击确定,仪器自动开始测试。试验得到的结果,如表 4-2、表 4-3 所示。

该测试试验中,可获取材料的导热系数 λ、热扩散系数 α 和比热容值 C_p。以上参数与材料的密度 ρ 之间的关系为:

$$\lambda(t) = \alpha(t) \cdot C_p(t) \cdot \rho(t)$$

表 4-2 煤样品的热物理性能测试结果

闪频点数	温度/℃	热扩散系数 /(mm²/s)	导热系数 $W/(m \cdot K)$	C_p/ $J/(g \cdot K)$
1	26.5	0.089	0.133	1.271
2	26.4	0.085	0.130	1.412
3	26.3	0.085	0.130	1.193
平均值	26.4	0.086	0.131	1.292
标准偏差	0.1	0.002	0.002	0.111
4	34.9	0.058	0.043	0.470
5	34.5	0.085	0.065	0.511
6	34.4	0.053	0.041	0.328
平均值	34.6	0.065	0.050	0.436
标准偏差	0.3	0.017	0.013	0.096
7	45.9	0.068	0.061	0.894
8	44.8	0.062	0.055	0.678
9	44.6	0.063	0.055	0.686
平均值	45.1	0.064	0.057	0.753
标准偏差	0.7	0.003	0.003	0.123

表 4-3 矸石(碳质泥岩)样品的热物理性能测试结果

闪频点数	温度 /℃	热扩散系数 /(mm²/s)	导热系数 $W/(m \cdot K)$	C_p $J/(g \cdot K)$
1	26.3	0.480	1.052	0.991
2	26.3	0.417	0.915	0.999
3	26.2	0.382	0.839	1.017
平均值	26.3	0.426	0.935	1.002
标准偏差	0.0	0.049	0.108	0.013
4	34.9	0.375	0.801	0.983
5	34.6	0.393	0.842	1.003
6	34.5	0.415	0.889	0.947
平均值	34.6	0.394	0.844	0.978
标准偏差	0.2	0.020	0.044	0.028
7	45.9	0.358	0.748	0.937
8	44.8	0.379	0.791	0.960
9	44.7	0.370	0.774	0.967
平均值	45.1	0.369	0.771	0.954
标准偏差	0.6	0.010	0.022	0.016

（4）分析试验结果

如图 4-22 所示，在不同的温度条件下，矸石比热容值变化不大，比较稳定；其平均值为 0.978 J/(g·K)。在不同的温度条件下，煤的比热容值变化幅度较大；在测试的三个温度条件下，其最大值为 26.4 ℃的 1.292 J/(g·K)，其最小值为 34.6 ℃的 0.436 J/(g·K)。对比煤、矸石比热容值随温度的变化曲线可以看出：在低温时，煤的比热容值大于矸石的；随着温度的上升，煤的比热容值小于矸石的。其具体表现为：在 28.5 ℃以下时，煤的比热容值略高于矸石的；当高于 28.5 ℃时，煤的比热容值低于矸石的。矸石比热容值对温度的敏感度较低，一直保持在较稳定的范围内。

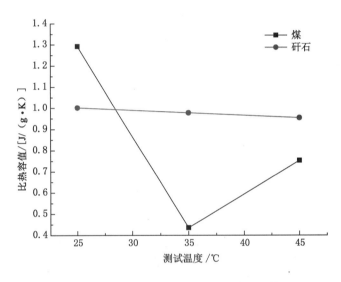

图 4-22　煤、矸石不同温度下比热容值测试结果

4.4.2　煤、矸石电性参数测试

材料的电性参数主要包括介电常数、介电损耗角正切值、电抗率、电阻率、导磁率等。在这些电性参数中，介电常数和介电损耗角正切值对材料吸收微波的能力影响最大。为探究煤、矸石对微波吸收能力的差异，进行煤、矸石介电常数和介电损耗角正切值的测试试验。煤、矸石的电性参数测试试验采用的 Agilent N5225A 型矢量网络分析仪。测试频率为 1.0～18.0 GHz。测试温度为室温。试验设备如图 4-23 所示。

（1）预准备样品

将制备好的煤、矸石粉末分别过 60 目(0.25 mm)、80 目(0.18 mm)、200 目(0.075 mm)的筛子，得到三种不同颗粒尺寸的煤、矸石粉末样品。S1<0.075 mm，0.075 mm<S2<0.18 mm，0.18 mm<S3<0.25 mm。按照颗粒尺寸从小到大，将得到的煤、矸石颗粒分别记为 C1、C2、C3、G1、G2、G3。制备的样品如图 4-24 所示。

（2）制备样品

将预准备的不同尺寸的煤、矸石颗粒和石蜡按照质量比 1∶1 进行混合，并在 70 ℃左右的水浴锅中，将颗粒粉末与等质量融化的石蜡混合均匀，将液体状的样品倒入预制的内径

图 4-23　电性参数测试实验设备

图 4-24　筛选的不同颗粒尺寸煤、矸石样品

3.0 mm、外径 7.0 mm、高 3.0 mm 的模具中压实,待样品凝固后出模。试验样品制备过程及制备的样品如图 4-25 所示。

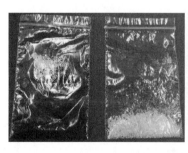

图 4-25　煤、矸石电性参数测试样品制备

（3）准备试验

在测试正式开始之前,需要先打开矢量网络分析仪进行预热 30 min,对测试所用到的测试端头进行标准件校准。校准后将制备好的煤、矸石样品放在测试端口内,如图 4-26 所示。待测样品放入后,设定测试频率为 1.0～18.0 GHz,开始试验。其具体测量流程如图 4-27 所示。

图 4-26　矢量网络分析仪测量端口

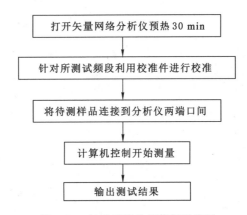

图 4-27　矢量网络分析仪测量流程

（4）生成试验结果

在相同的测试环境和设备设定值条件下，按照上述介电常数测定方法，分别测试煤、矸石 6 个样品的电性参数。其测试结果如图 4-28 至图 4-31 所示。

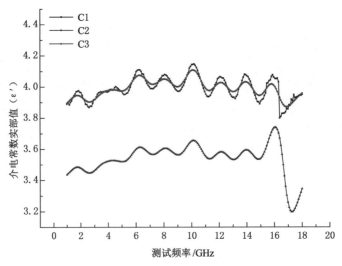

图 4-28　不同粒径煤样介电常数实部变化曲线

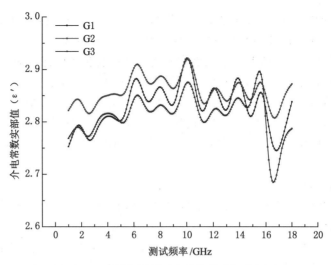

图 4-29　不同粒径矸石介电常数实部值测试

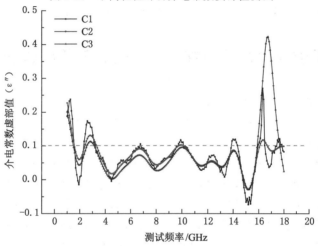

图 4-30　不同粒径煤介电常数虚部值测试

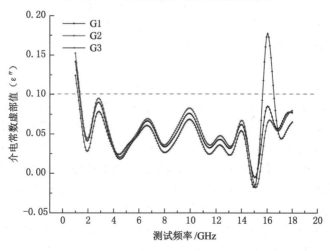

图 4-31　不同粒径矸石介电常数虚部值测试

在交变电场作用下,材料的介电常数为复数形式。其介电常数实部 ε' 和虚部 ε'' 分别表示材料对外加电场响应的能力和材料将微波能转化为内能的能力。材料的介电常数实部值和虚部值越大,表明材料对微波的吸收能力和将微波能转化为内能的能力越强(即在微波照射条件下,材料的介电常数实部值和虚部值越大,材料增加的内能越多)。在本次试验中,不同颗粒尺寸的煤样品在 1.0～18.0 GHz 微波照射下的介电常数实部值变化范围为 3.2～4.2,且随颗粒尺寸的增大呈减小趋势,如图 4-28 所示。矸石样品介电常数实部值变化范围为 2.7～2.9;矸石样品测试结果与颗粒尺寸大小相关性较小,且三组试验结果相差不大,如图 4-29 所示。

(5) 分析试验结果

由图 4-30 可以看出,煤样品介电常数虚部值随颗粒尺寸的增大呈现减小的趋势,其中几个特征峰值频率分别为 2.65 GHz、6.69 GHz、9.97 GHz、14.09 GHz、16.66 GHz,煤样品介电常数虚部值峰值大多在 0.1 以上。如图 4-31 所示,矸石样品介电常数虚部值随颗粒尺寸的变化趋势不明显,三组试验数据之间的差别较小,其中几个特征峰值频率分别为 2.81 GHz、6.65 GHz、9.97 GHz、14.09 GHz、16.08 GHz,矸石样品介电常数虚部值峰值为 0.075 左右。

4.5　微波照射-红外探测煤岩识别方法可行性分析

根据实验室扫描电镜试验结果,得到煤的主要元素成分为 C,其质量占比为 86.4%;矸石主要元素成分是 O,其质量占比为 38.2%,其次是 C,其质量占比为 32.8%。煤中的 C 元素质量百分比是矸石中 C 元素的 2.6 倍。X 射线衍射试验得出:煤的主要成分是以 C 元素为主的有机物,矸石的主要成分是高岭石、石英,含有部分的有机物。这说明煤中的极性分子数量多于矸石的。极性分子数量的多少决定了材料对微波的吸收能力大小。试验测得煤的介电常数虚部波峰值均在 0.1 以上。其中在 2.45 GHz 频率下的煤样品介电常数虚部值为 0.14(C1 尺寸试样)、0.11(C2 尺寸试样)、0.09(C3 尺寸试样)。矸石的介电常数虚部波峰值均在 0.075 左右。其中在 2.45 GHz 频率下的矸石样品介电常数虚部值为 0.073(G1 尺寸试样)、0.077(G2 尺寸试样)、0.060(G3 尺寸试样)。根据以上测试结果,可计算出煤、矸石的微波穿透深度分别为 34.8 cm、46.6 cm。这表明微波对煤、矸石有较大的穿透能力。实验室测得的煤的比热容值为:26.4 ℃ 时 1.292 J/(g·K),34.6 ℃ 时 0.436 J/(g·K),45.1 ℃ 时 0.753 J/(g·K);矸石比热容值为:26.3 ℃ 时 1.002 J/(g·K),34.6 ℃ 时 0.978 J/(g·K),45.1 ℃ 时 0.954 J/(g·K)。在煤、矸石比热容值测试的三组温度下,煤、矸石样品的比热容值之比分别为 1.29、0.45、0.79。忽略环境热交换损失,将实验室得出的上述参数代入式(4-15),可以得出在相同的微波照射环境下,煤、矸石样品在几个特征峰值的介电常数虚部值大小。据此可以估算煤吸收微波的能力是矸石的 1.3 倍。根据实验室煤、矸石的比热容测定试验,可以看出:在较低温度时,煤的比热容值略大于矸石,随着煤样品温度的上升,煤的比热容值小于矸石的。以煤、矸石在 26.3～34.6 ℃ 之间的比热容值平均值,计算煤、矸石在吸收相同能量的条件下,煤升高的温度平均是矸石的 1.15 倍。这可以得出在相同的微波和时间照射下煤、矸石温度变化速率比值为 1.5 左右。这说明煤、矸石在微波照射下能够表现出较大的温度差异。并且在较低的温度条件下,随着煤、矸石温度的升高,煤、矸石温度升高的速率之比增大,煤、矸石在微波照射后的温度差异更为明显。因此,采用微波照射的方法主动增大煤、岩石之间的差异具有理论可行性。

4.6　本 章 小 结

本章研究了材料吸收微波和红外热成像的原理。根据煤、矸石的扫描电镜试验、X 射线衍射试验、比热容值和电性参数测试实验,分别获得了煤、矸石的化学元素组成、矿物成分组成、比热容值大小,以及相对介电常数的实部值和虚部值。本章主要得出如下结论。

(1) 煤的主要元素成分为 C,其质量占比为 86.4%;矸石主要元素成分是 O,其质量占比为 38.2%。煤中 C 元素质量百分比是矸石中 C 元素的 2.6 倍。煤的主要成分是以 C 元素为主的有机物,矸石的主要成分是高岭石、石英。这说明煤中的极性分子数量多于矸石的。极性分子数量的多少决定了材料对微波吸收能力的大小。

(2) 煤的介电常数虚部波峰值均在 0.1 以上。矸石的介电常数虚部波峰值为 0.075 左右。

(3) 煤的比热容值为:26.4 ℃时 1.292 J/(g・K),34.6 ℃时 0.436 J/(g・K),45.1 ℃时 0.753 J/(g・K)。矸石比热容值为:26.3 ℃时 1.002 J/(g・K),34.6 ℃时 0.978 J/(g・K),45.1 ℃时 0.954 J/(g・K)。煤、矸石样品的比热容值之比分别为 1.29、0.45、0.79。

(4) 煤吸收微波的能力是矸石的 1.3 倍。在吸收相同能量的条件下,煤升高的温度平均是矸石的 1.15 倍。在相同的微波照射环境下,煤升高的平均温度约是矸石的 1.5 倍。这证明了采用微波照射的方法主动增大煤、岩石之间的差异具有理论可行性。

第5章 煤岩识别方法实验室试验

在采用微波照射方法主动增大煤、岩石之间的差异具有理论可行性的基础上,通过实验室试验来探究煤、矸石在微波照射条件下的具体差异;进行煤、矸石在不同的颗粒尺寸和微波照射时间条件下的热敏反应试验,用红外热成像仪获取该差异进行分析,进而验证微波照射-红外探测煤岩识别方法的可行性。

5.1 试验方案制订

在麦吉尔大学采矿工程地质力学实验室进行煤、矸石微波照射试验。该实验室配备有大型、中型、小型微波发射装置,高精度红外热成像仪,电子台秤等仪器。根据煤、矸石的物理化学特性,选择相应的试验设备,制订试验方案。

5.1.1 试验目的

为了探究煤、矸石对微波照射后的热敏反应差别,分别进行不同颗粒尺寸煤、矸石在不同照射时间条件下的微波照射试验。在相同煤、矸石颗粒尺寸条件下,研究微波照射时间对煤、矸石升温差异的影响;在相同照射时间条件下,研究煤、矸石颗粒尺寸对其升温差异的影响。

5.1.2 试验仪器及材料

煤、矸石微波照射试验用到的仪器主要有:微波发射装置、红外热成像仪、机械振动筛装置、钢丝筛、高精度电子台秤、冷却风扇等。煤、矸石微波照射试验主要仪器如图5-1所示。

煤、矸石微波照射试验辅助用具有:样品盘、样品匙、玻璃盒、5 mm厚软木板、内径100 mm塑料圆筒等。煤、矸石微波照射试验辅助用具如图5-2所示。

5.1.3 样品制备

试验所用煤、矸石样品均从同忻煤矿8202综放工作面采集,如图5-3所示。对采集到的煤、矸石原样进行破碎,将破碎后的小块煤、矸石放在机械振动筛的最上面的一个钢丝筛内。按照钢丝筛直径由大到小自上而下依次安放小块煤、矸石。

钢丝筛直径大小由上到下依次为4.75 mm、1.40 mm、0.60 mm、0.30 mm。破碎的样品放好后,开启机械振动筛对其进行筛选。不同颗粒尺寸的煤、矸石在机械振动下留在相应的钢丝筛内。反复操作多次,将筛选到的相应尺寸的煤、矸石颗粒收集备用。每种尺寸的

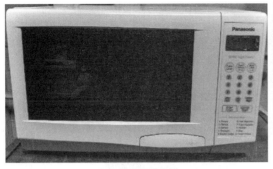

（a）微波照射装置　　　　　　　　　　　　　（b）红外热成像仪

（c）改装的机械振动筛装置　　　　　　　　　（d）高精度电子台秤

图 5-1　煤、矸石微波照射试验主要仪器

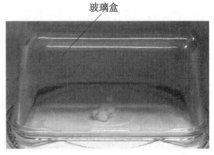

图 5-2　煤、矸石微波照射试验辅助用具

煤、矸石颗粒制备不少于 300 g。

制备好的煤、矸石样品如图 5-4 所示。

5.1.4　试验方法

根据试验目的,制备出 4 种颗粒尺寸的煤、矸石。具体颗粒尺寸为 1.40 mm＜S4＜4.75 mm、0.60 mm＜S3＜1.40 mm、0.30 mm＜S2＜0.60 mm、S1＜0.30 mm。各取 250 g

（a）试验原煤样　　　　　　　　　　　　（b）试验原矸样

图 5-3　煤、矸石试验原样品

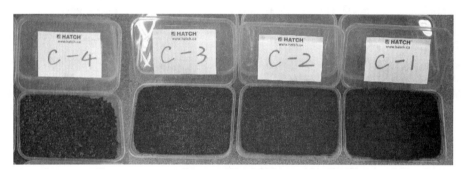

（a）煤样品制备

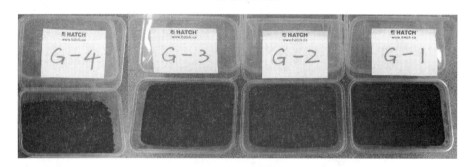

（b）矸石样品制备

图 5-4　制备好的煤、矸石样品

煤、矸石,分为 5 个小组,记为 C1、C2、C3、C4、C5,G1、G2、G3、G4、G5。每一个小组样品为 50 g。按照颗粒尺寸把样品分类。每次取一种相同颗粒尺寸的样品。把样品放在微波发射装置中照射 4 s、6 s、8 s、10 s、12 s、14 s、16 s、18 s、20 s,用红外热成像仪获取该样品在微波照射前后的温度。每一种颗粒尺寸的样品进行 45 个小组试验,共进行 360 个小组试验。

5.2　试验过程介绍

5.2.1　样品准备

对某一种颗粒尺寸的样品,用高精度台秤称取 5 组 50 g(±0.5 g)制备好的样品,把样品放在样品盘中,对样品分别编号 1、2、3、4、5。在软木板上分别标注有 C1、C2、C3、C4、C5、G1、G2、G3、G4、G5 的样品。软木板中心位置标示有样品放置区域。称量后的样品按照对应编号分别用塑料圆筒固模并均匀平铺在软木板上,如图 5-5 所示。样品准备好后,放在样品台上准备试验。

图 5-5　准备试验样品

5.2.2　试验流程

(1) 打开红外热成像仪进行调试。参照试验环境,设定仪器工作时的基础参数。试验期间,环境初始温度为 23 ℃左右。

(2) 用红外热成像仪获取并记录试验开始时的环境温度、微波发射装置腔内温度和样品初始温度。

(3) 按照软木板编号,顺序取样进行试验。首先用红外热成像仪获取试验样品微波照射前的温度;然后将平铺有样品的软木板放置在玻璃盒上面,如图 5-6 所示。试验样品放好后关闭微波发射装置门板。

(4) 按照需要的照射时间,设定照射时间。微波发射装置按照设定时间对试验样品进行照射。

(5) 微波照射时间到后,打开微波发射装置门板,小心快速拿出试验样品,并立即用红外热成像仪(识别精度为 0.1 ℃)获取微波照射后的试验样品温度图谱,如图 5-7 所示。注意尽量保证每个试验样品的测量区域一致。红外热成像仪获取的是测试样品的整个表面的温度,是一个区域的温度变化。相比较于其他点测温和线测温,该方法更加准确可靠。温度谱图中一共有 4 个温度,MAX 表示的是温度测量区域内的最高温度,AVG 表示的是温度测量区域内的平均温度,MIN 表示的是温度测量区域内的最低温度,在这 3 个温度上方的温度示数表示的是温度测量区域内中心点的温度。每一个温度谱图均采用四位

图 5-6　微波照射前试验样品

编码,第一位字母表示样品的种类和尺寸,第二位数字表示微波照射时间,第三位数字表示小组号,第四位数字表示照射前或者后(照射前用 0 表示,照射后用 1 表示)。例如,C1-10-1-0 表示煤样品(字母 C 表示煤,字母 G 表示矸石)的 S1 尺寸的照射时间为 10 s 的小组号为 1 的微波照射前的光谱图。试验中获取的 C1-10 和 G1-10 微波照射前后温度光谱图如图 5-8、图 5-9 所示。

（a）微波照射前样品温度　　　　　　（b）微波照射后样品温度

图 5-7　红外热成像仪获取试验样品温度

（6）一个小组试验结束后,用冷却风扇对微波照射装置进行冷却降温至初始温度;拿出软木板和玻璃盒降温至室温;样品放回样品台自然降温至室温。

（7）待微波照射装置腔内的温度降为初始温度,且软木板、玻璃盒和样品温度降至室温时,开始进行下一个小组的样品试验。重复以上试验步骤,分别完成 360 组 4 种颗粒尺寸、9 个照射时间的煤、矸石样品试验。共获取红外热成像图谱 720 张。

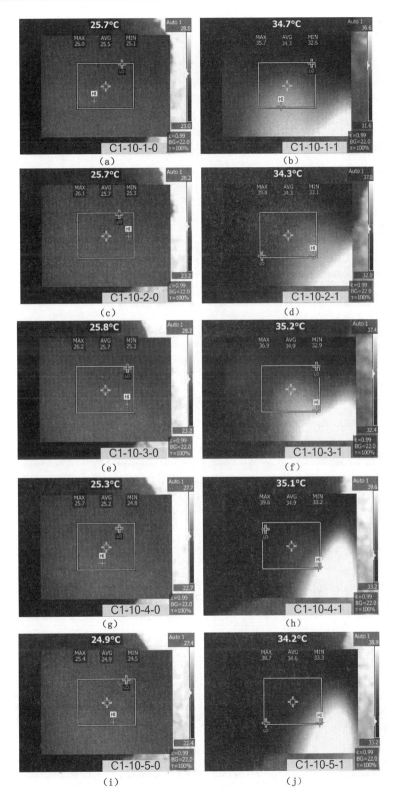

图 5-8　S1 尺寸的煤样品在微波照射 10 s 前后的光谱图

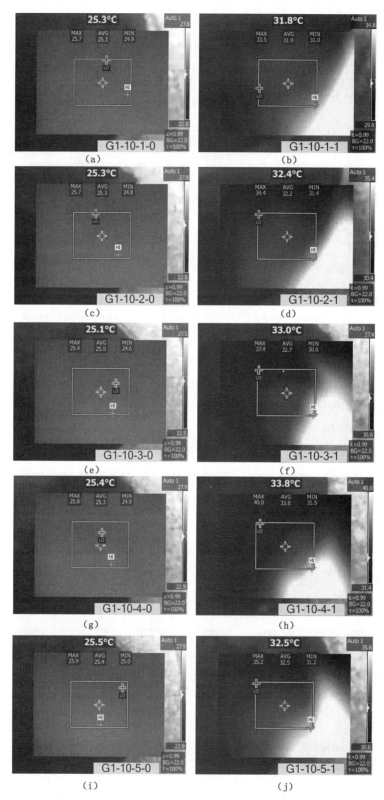

图 5-9　S1 尺寸的矸石样品在微波照射 10 s 前后的光谱图

5.3　试验结果分析

5.3.1　试验数据判断

试验结束后,对获取的 720 张红外热成像谱图中的有效信息进行提取(即提取微波照射煤、矸石样品前后的平均温度)。在整理数据过程中发现,个别小组数据与其他小组数据有明显的差异。因此需要对所得的煤、矸石试验数据进行误差分析和数据挑选。

测量数据中,包含随机误差和系统误差是正常的。只要测量误差在一定的范围内,测量结果就是正确的。但当测量者在测量过程中由于疏忽造成错误操作以及使用有缺欠的计量器具,会导致超出在规定条件下预期的误差(称为粗大误差)。该误差分量会明显偏大,即明显歪曲测量结果。在粗大误差的分析中,主要使用肖维勒准则、罗曼诺夫斯基准则、狄克逊准则、格罗布斯准则、莱以特准则等。当试验测量次数较少时,采用格罗布斯准则进行数据判断最为可靠。因此采用格罗布斯准则对试验所得数据逐一进行粗大误差判断。

粗大误差的格罗布斯准则判别方法为:假定在对某一物理量等精度重复测量 n 次,得到的测量值为 $x_1,x_2,\cdots,x_n$。为判别测得值中是否含有异常数据,将测得值由小到大排列成统计量 $x_{(i)}$。

$$x_{(1)} \leqslant x_{(2)} \leqslant \cdots \leqslant x_{(n)} \tag{5-1}$$

可得测量结果的算术平均值为:

$$\overline{x} = \frac{1}{n}\sum_{i=1}^{n} x_i \tag{5-2}$$

可得测量结果的残余误差为:

$$v_i = x_i - \overline{x} \tag{5-3}$$

可得测量结果的标准差为:

$$\sigma = \sqrt{\frac{\sum_{i=1}^{n}}{n-1}} \tag{5-4}$$

依据格罗布斯准则可得:

$$g_{(1)} = \frac{\overline{x} - x_1}{\sigma}$$

$$g_{(n)} = \frac{x_n - \overline{x}}{\sigma} \tag{5-5}$$

的分布。取显著性水平 α(一般为 0.05 或 0.01),可得如表 5-1 所列的临界值 $g_0(n,\alpha)$,而

$$P\left(\frac{x_n - \overline{x}}{\sigma} \geqslant g_0(n,\alpha)\right) = \alpha \tag{5-6}$$

$$P\left(\frac{\overline{x} - x_1}{\sigma} \geqslant g_0(n,\alpha)\right) = \alpha \tag{5-7}$$

表 5-1　格罗布斯准则临界值表

n	α		n	α	
	0.05	0.01		0.05	0.01
	$g_0(n,\alpha)$			$g_0(n,\alpha)$	
3	1.15	1.16	11	2.23	2.48
4	1.46	1.49	12	2.28	2.55
5	1.67	1.75	13	2.33	2.61
6	1.82	1.94	14	2.37	2.66
7	1.94	2.10	15	2.41	2.70
8	2.03	2.22	16	2.44	2.75
9	2.11	2.32	17	2.48	2.78
10	2.18	2.41	18	2.50	2.82

若认为 x_1 可疑,则有:

$$g_{(1)} = \frac{\overline{x} - x_1}{\sigma} \qquad (5-8)$$

若认为 x_n 可疑,则有:

$$g_{(n)} = \frac{x_n - \overline{x}}{\sigma} \qquad (5-9)$$

当 $g_{(i)} \geqslant g_0(n,\alpha)$ 时,认为测得值 x_i 是异常数据,含有粗大误差,应被剔除。

例如,在 C4-8 试验中,这一组 5 个煤试样微波照射 8 s 后的平均温差分别为:13.5 ℃、9.6 ℃、9.2 ℃、9.4 ℃、9.4 ℃。按照上述格罗布斯准则判断方法,先对试验结果从小到大进行排列。其次序为:9.2、9.4、9.4、9.6、13.5。

该组数据的算术平均值和均方差为:

$$\overline{x} = \frac{1}{n} \sum_{i=1}^{n} x_i = 10.22$$

$$\sigma = \sqrt{\frac{\sum_{i=1}^{n} v_i^2}{n-1}} = 1.84$$

按照试验结果的大小排序可得:

$$x_{(1)} = 9.2, x_{(5)} = 13.5$$

因为

$$\overline{x} - x_{(1)} = 10.22 - 9.2 = 1.02$$
$$x_{(5)} - \overline{x} = 13.5 - 10.22 = 3.28$$

所以首先怀疑 $x_{(5)}$ 含有粗大误差,

$$g_{(5)} = \frac{x_{(5)} - \overline{x}}{\sigma} = \frac{13.5 - 10.22}{1.84} = 1.78$$

在本试验中,显著性水平 α 取 0.05,通过表 5-1 可得:

$$g_0(5, 0.05) = 1.67$$

$$g_{(5)} > g_0(5, 0.05)$$

所以,可以判断在该组试验中,13.5 ℃这个测量值含有粗大误差,应被剔除。剩下的 4 个测量数据,再重复上述步骤,重新进行判断。最终判断结果为仅 13.5 ℃这个数据含有粗大误差,其他数据为正常数据。用相同的方法对试验中其他各组试验结果一一进行判断,剔除含有粗大误差的数据。

5.3.2　试验数据分析

全部试验数据经过粗大误差分析,剔除粗大误差数据后,对每一组煤、矸石样品微波照射前后的正常温差数据求平均值。其结果如表 5-2 所示。

表 5-2　煤、矸石样品微波照射试验结果

微波照射时间/s	组号	组平均温差/℃	组号	组平均温差/℃
4	C1	1.88	G1	1.16
	C2	2.13	G2	1.14
	C3	2.23	G3	1.00
	C4	3.08	G4	1.08
6	C1	4.06	G1	2.90
	C2	6.06	G2	2.72
	C3	5.54	G3	2.58
	C4	7.28	G4	2.93
8	C1	6.72	G1	5.06
	C2	8.38	G2	5.06
	C3	8.52	G3	4.12
	C4	9.40	G4	4.86
10	C1	9.2	G1	7.36
	C2	11.63	G2	7.10
	C3	11.74	G3	6.18
	C4	14.98	G4	6.08
12	C1	11.4	G1	8.5
	C2	15.88	G2	8.74
	C3	17.00	G3	8.72
	C4	18.28	G4	7.52

表 5-2(续)

微波照射时间/s	组号	组平均温差/℃	组号	组平均温差/℃
14	C1	14.56	G1	11.6
	C2	18.02	G2	11.86
	C3	19.98	G3	9.96
	C4	23.98	G4	9.88
16	C1	16.36	G1	13.18
	C2	21.9	G2	13.82
	C3	23.92	G3	12.22
	C4	32.78	G4	14.42
18	C1	18.58	G1	14.92
	C2	24.54	G2	16.76
	C3	27.50	G3	14.24
	C4	34.80	G4	16.72
20	C1	21.40	G1	16.52
	C2	27.76	G2	18.88
	C3	31.06	G3	17.08
	C4	39.40	G4	18.50

根据煤、矸石样品在不同的微波照射时间条件下的温度变化值,对在相同煤、矸石颗粒尺寸条件下的试验结果,采用 Origin 8.0 软件进行温度变化量与微波照射时间关系式拟合。其拟合曲线如图 5-10 至图 5-14 所示。对于公式拟合的优劣,一般用皮尔逊相关系数 P_{sr}(用来度量变量之间的相互线性相关关系,取值范围在[−1,+1],绝对值越接近于 1,说明相关性越强)和相关系数平方 A(表示数据与拟合得到的表达式方程的相似程度,越接近于1,表示表达式与数据越相似,表达式越能体现数据规律)来评定。本书中公式拟合的优劣采用皮尔逊相关系数和相关系数平方共同评判。从表 5-2 的数据可以看出:试验样品在微波照射后的温度变化量与微波照射时间之间大体上呈现线性递增关系。在公式拟合中,为降低公式拟合难度,以一元线性方程为公式拟合的基本方程。

图 5-10 所示为 S1 尺寸的煤、矸石在不同微波照射时间下的试验结果。从图 5-10 得出:煤、矸石随着微波照射时间的增加,温度升高值呈现直线式增长;随着微波照射时间的增加,煤、矸石之间的温差差距增大。在整个试验过程中,煤在微波照射后升高的温度始终大于矸石的。对煤、矸石微波照射后的温度变化量差值曲线,进行公式拟合,得到 S1 尺寸的煤、矸石在微波照射下的温度变化量差值拟合方程为:

$$y = 0.236x - 0.279 \tag{5-10}$$

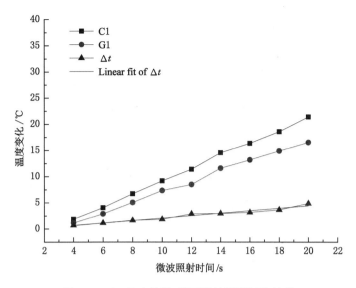

图 5-10　S1 尺寸的煤、矸石微波照射试验结果

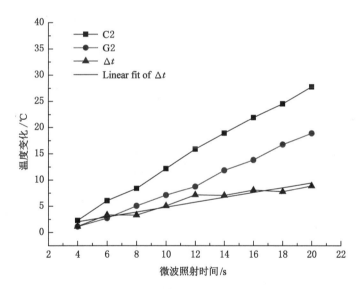

图 5-11　S2 尺寸的煤、矸石微波照射试验结果

$$P_{sr} = 0.979\ 04$$
$$A = 0.952\ 6$$

式(5-10)表示的直线的斜率为 0.236,这表明在 S1 尺寸下,煤、矸石的升温差别不大。其最大温差为 4.88 ℃,其最小温差为 0.72 ℃。

图 5-11 所示为 S2 尺寸的煤、矸石在不同微波照射时间下的试验结果。该试验结果与 S1 尺寸的煤、矸石升温趋势相同。对煤、矸石微波照射后的温度变化量差值曲线,进行公式拟合,得到 S2 尺寸的煤、矸石在微波照射下的温度变化量差值拟合方程为式(5-11)。与式(5-10)相比,其表示的直线的倾斜斜率增大,这说明煤、矸石在该尺寸条件下的温差差异比 S1 尺寸下的大。

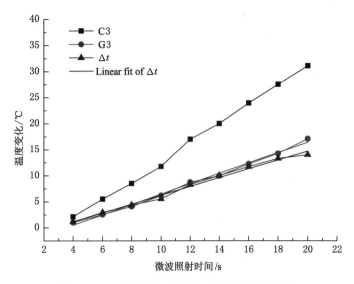

图 5-12　S3 尺寸的煤、矸石微波照射试验结果

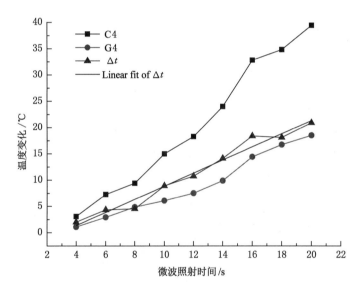

图 5-13　S4 尺寸的煤、矸石微波照射试验结果曲线图

$$y = 0.464x + 0.186 \qquad (5\text{-}11)$$
$$P_{sr} = 0.959\ 11$$
$$A = 0.908\ 45$$

图 5-12 所示为 S3 尺寸的煤、矸石在不同微波照射时间下的试验结果。该试验结果与 S1、S2 尺寸的煤、矸石升温趋势相同。对煤、矸石微波照射后的温度变化量差值曲线,进行公式拟合,得到 S3 尺寸的煤、矸石在微波照射下的温度变化量差值拟合方程为式(5-12)。与式(5-11)相比,其表示的直线的倾斜斜率进一步增大,这说明煤、矸石在该尺寸条件下的温差差异比 S1、S2 尺寸下的大。

$$y = 0.844x - 2.201 \qquad (5\text{-}12)$$
$$P_{sr} = 0.995\ 66$$

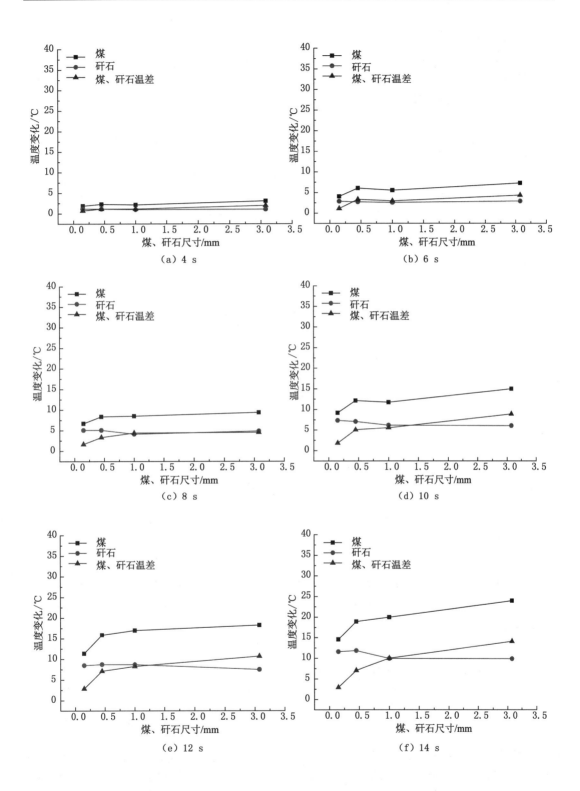

图 5-14　不同微波照射时间下煤、矸石微波热敏反应试验结果

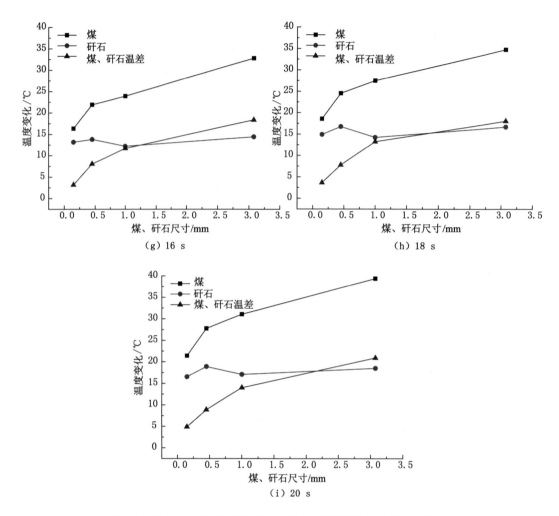

图 5-14(续)　不同微波照射时间下煤、矸石微波热敏反应试验结果

$$A = 0.990\ 1$$

图 5-13 所示为 S4 尺寸的煤、矸石在不同微波照射时间下的试验结果。该试验结果与 S1、S2、S3 尺寸的煤、矸石升温趋势相同。对煤、矸石微波照射后的温度变化量差值曲线,进行公式拟合,得到 S4 尺寸的煤、矸石在微波照射下的温度变化量差值拟合方程为式(5-13)。与式(5-10)、式(5-11)、式(5-12)相比,其表示的直线的倾斜斜率最大,这说明煤、矸石样品随着颗粒尺寸的增大,煤、矸石的温度差异增大。

$$y = 1.247x - 3.633 \tag{5-13}$$

$$P_{sr} = 0.987\ 91$$

$$A = 0.972\ 53$$

根据以上数据分析可以得出:在相同的煤、矸石颗粒尺寸和微波照射时间条件下,按照颗粒尺寸从小到大的顺序,样品煤颗粒微波照射前后温度升高量分别为矸石的 1.3 倍、1.7 倍、2.0 倍和 2.3 倍。这说明颗粒尺寸越大,在相同的微波照射条件下,煤、矸石升高的温度比值越大,煤、矸石的绝对温差越大。

煤、矸石在微波照射后的温度变化规律不同,如图 5-14 所示。在相同的微波照射时间条件下,煤样品在微波照射后的温度变化值随颗粒尺寸的增大而增大。根据第 4.4.2 节中测得的不同颗粒尺寸煤样品的介电常数虚部值可知,煤样品颗粒尺寸越小,煤样品介电常数虚部值越大,其将微波转化为内能的能力越大。虽然小颗粒尺寸煤样品转化的微波能量较多,但是煤样品颗粒尺寸越小,其与外界接触面积越大,其热扩散损失越多,其热扩散损失量大于其多转化的微波能量时,就出现上述试验结果:煤样品在微波照射后,其温度变化量随着其颗粒尺寸的增加而增大。煤样品随着微波照射时间的增加,煤样品升温速率增大,这是因为煤样品在较高温度下比热容值相对于在较低温度下的小。因此,在吸收相同的能量条件下,煤样品在高温条件下的升温速率比低温条件下的大。在不同的微波照射时间条件下,煤样品升温速率随着照射时间的增加而增大,煤样品温度变化量随着颗粒尺寸的增加而增大。在相同的微波照射时间条件下,矸石样品在微波照射前后的温度变化,随着颗粒尺寸的增大基本无变化,即矸石样品在微波照射前后的温度变化量随着颗粒尺寸的增大无明显差异。这是因为矸石样品的介电常数虚部值大小随着颗粒尺寸的变化无明显差异。由于矸石的比热容值在不同温度下的变化较小,所以在不同的微波照射时间条件下,矸石样品升温速率比较恒定,矸石样品温度变化量随着颗粒尺寸的增加无明显差异。

5.3.3　试验结果分析

在实验室,通过对不同颗粒尺寸的煤、矸石样品在微波照射前后的温度变化量进行对比分析得出:① 在不同的微波照射时间条件下,煤样品升温速率随着微波照射时间的增加而增大,煤样品温度变化量随着颗粒尺寸的增加而增大;② 在不同的微波照射时间条件下,矸石样品升温速率比较恒定,矸石样品温度变化量随着颗粒尺寸的增加无明显差异。在相同的煤、矸石颗粒尺寸和微波照射时间条件下,按照颗粒尺寸从小到大的顺序,煤样品微波照射前后的温度升高量分别为矸石样品的 1.3 倍、1.7 倍、2.0 倍和 2.3 倍。这说明颗粒尺寸越大,在相同的微波照射条件下,煤与矸石升高的温度比值越大,煤与矸石的绝对温差越大。因此可以得出:在相同的试验条件下,煤、矸石在微波照射前后的温度变化量具有较大的差异;能够通过红外热成像仪精确地获取煤、矸石之间的温度差异大小。这证明了微波照射-红外探测主动式煤岩识别方法的可行性。

5.4　工业应用设计

根据微波加热材料的选择性、即时性、不接触性、对环境的适应能力强等特点,提出井下综放工作面放煤过程中微波照射-红外探测的煤岩识别方法。微波照射-红外线探测煤、矸石识别装置,包括微波发射装置、红外热成像仪和数据处理控制器等。其设备布置平面示意图如图 5-15 所示。

煤、矸石的化学组成成分不同,致使其对微波的吸收能力不同。这表现在煤、矸石微波照射后温度变化不同。该识别方法主动增大煤、矸石之间的温度差异。使用红外热成像仪能够获取该差异。在红外光的照射下,不同温度的材料呈现出不同的红外热成像图谱。通过对红外热成像谱图的分析,以识别煤、矸石。煤、矸石具体识别方式为:微波发射装置安设在综放工作面放煤液压支架后部,红外热成像仪安装在微波发射装置的后侧,微波发射装置

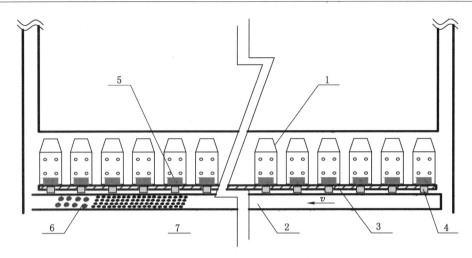

1—放顶煤液压支架;2—后部刮板输送机;3—微波发射装置;
4—红外热成像装置;5—数据处理中心;6—矸石;7—煤。

图 5-15　微波照射-红外探测煤、矸石识别设备布置平面示意图

的发射方向和红外热成像仪探测方向均朝向综放工作面放煤液压支架后方,微波发射装置和红外热成像仪分别通过控制电缆与数据处理控制器连接。

在放煤过程中,仅打开当前放煤口后方的微波发射装置及红外热成像仪,其余微波发射装置及红外热成像仪均不开启;在煤和矸石冒落过程中,微波发射装置发射出的微波对放煤液压支架后方冒落的煤或者矸石进行照射;与此同时,红外热成像仪对微波照射后的煤、矸石的温度进行测定;红外热成像仪将探测的温度数值通过控制电缆传输到数据处理控制器;数据处理控制器将实时监测到的经微波照射后的煤、矸石温度与标定的煤、矸石温度进行对比分析,判断出此时冒落的物料中煤、矸石含量比;根据判断结果,由数据处理控制器对控制的放煤液压支架发出下一步的指令,实施继续放煤还是关闭该放煤口。

5.5　本章小结

本章在实验室条件下,研究不同颗粒尺寸的煤、矸石样品在微波照射条件下的升温规律,得到以下主要结论。

(1) 在相同的煤、矸石颗粒尺寸和微波照射时间条件下,按照颗粒尺寸从小到大的顺序,煤样品微波照射前后的温度升高量分别为矸石的 1.3 倍、1.7 倍、2.0 倍和 2.3 倍。

(2) 在相同的微波照射时间条件下,煤样品在微波照射后的温度变化量随着颗粒尺寸的增大而增大。在不同的微波照射时间条件下,煤样品升温速率随照射时间的增加而增大,煤样品温度变化量随着颗粒尺寸的增加而增大。在相同的微波照射时间条件下,矸石样品在微波照射前后温度变化量随着颗粒尺寸的增大无明显差异。在不同的微波照射时间条件下,矸石样品升温速率比较恒定,矸石样品温度变化量随着颗粒尺寸的增加无明显差异。

(3) 在相同的试验条件下,煤、矸石在微波照射前后的温度变化量具有较大的差异;能够通过红外热成像仪精确地获取煤、矸石之间的温度差异大小。这证明了微波照射-红外探测主动式煤岩识别方法的可行性。

第 6 章　结论与展望

6.1　主要结论

围绕提出的综放面多放煤口协同放煤方法和微波照射-红外探测主动式煤、矸识别机理这两个研究内容,研究了多放煤口放煤条件下,起始放煤、中间放煤和末端放煤三个阶段的放煤方法和煤岩分界面特征,以及综放面其他生产、安全等因素对放煤口数量的限制。利用数值模拟研究方法,对比了不同的单放煤口放煤方式与不同放煤口数量条件下的多放煤口放煤效果,对综放面走向方向上的不同放煤步距也进行了模拟和对比。从煤、矸石的物理、化学特性出发,利用扫描电镜试验、X 光衍射试验、比热容值和电性参数测试试验,获取了煤、矸石的化学元素组成、矿物成分组成、比热容值大小以及相对介电常数的实部值和虚部值,理论上分析了微波照射-红外探测主动式煤岩识别方法的科学性,并在实验室验证了该识别方法的可行性。

(1) 综放面多放煤口协同放煤是指,在综放面工作面倾向方向上,同时打开 n 个($n \geqslant 2$)连续的放煤口,以一定的放煤方式,使打开的 n 个放煤口上方的煤岩分界面,能够保持为一近似倾斜的直线进行同时放煤。在放煤过程中,不仅要保证 n 个放煤口之间的协调,还要与综放面的运输系统、通风系统和顶板岩层控制系统等相协同。

(2) 综放面多放煤口起始放煤方法是指,在起始放煤开始时,同时打开 n 个放煤口同时放煤,然后以一定的时间间隔逆次关闭各放煤口的多放煤口起始放煤方法。实现起始放煤结束时,在打开的 n 个放煤口上方,形成近似倾斜直线的煤岩分界面。根据放煤口放煤的影响范围,以及顶煤冒落过程中的速度方程和顶煤颗粒移动方程,建立了多放煤口起始放煤方式的算法模型。

(3) 综放面多放煤口中间放煤过程中,单次放出的顶煤区域体积与单放煤口放煤过程中平均每个放煤口的放出区域体积相等。各放煤口上方顶煤松动程度不均一,使得煤岩分界面形态呈"回勾"状。

(4) 在多放煤口放煤条件下,放煤过程中的煤岩分界面相对平滑,顶煤回收率随同时打开的放煤口数量增加而增大,顶煤回收率为 $77.9\%\sim90.5\%$,多数放煤口的顶煤回收率能够达到 85% 左右。在单放煤口放煤条件下,顶煤冒落过程中形成的煤矸界面形态与顶煤厚度相关。当顶煤厚度小于 $8.0\ m$ 时,煤矸互层不严重,煤矸分界面较规整;当顶煤厚度大于 $8.0\ m$ 小于 $24.0\ m$ 时,煤矸互层严重;单轮顺次放煤的顶煤回收率为 $73.2\%\sim84.9\%$。

(5) 通过对不同顶煤厚度时在 $0.8\ m$、$1.0\ m$、$1.2\ m$、$1.6\ m$ 和 $2.4\ m$ 等 5 种放煤步距条

件卜的顶煤放出过程模拟,得出各移架步距内的顶煤放出量均方差总体上随放煤步距和顶煤厚度的增大而增大。当放煤步距为 1.2 m 时,顶煤回收率最高。

(6) 进行了大量的煤和矸石的化学成分、物理电性参数及微波照射试验。其研究结果表明:煤和矸石在微波照射前后表现出不同的温度变化是煤和矸石中所含的极性分子数量不同引起的。

(7) 煤吸收微波的能力是矸石的 1.3 倍;在吸收相同能量的条件下,煤升高的平均温度是矸石的 1.15 倍;在相同的微波照射环境下,煤升高温度的平均速率约是矸石的 1.5 倍。

(8) 在相同的微波照射时间条件下,煤样品在微波照射后的温度变化量随颗粒尺寸的增大而增大;矸石样品在微波照射前后的温度变化量随颗粒尺寸的增大而无明显差异。在不同的微波照射时间条件下,煤样品升温速率随照射时间的增加而增大,煤样品温度变化量随颗粒尺寸的增加而增大;矸石样品升温速率比较恒定,矸石样品温度变化量随颗粒尺寸的增加而无明显差异。在相同的颗粒尺寸和微波照射时间条件下,随试验样品颗粒尺寸的增大,样品煤颗粒微波照射前后温度升高量分别为矸石的 1.3 倍、1.7 倍、2.0 倍和 2.3 倍。这证明了微波照射-红外探测主动式煤岩识别方法的可行性。

6.2 主要创新点

作者研究的主要创新点如下:

(1) 采用理论分析和数值模拟试验等手段,分析了多放煤口放煤条件下的放煤方式、煤岩分界线的形态以及同时开启的放煤口数量对顶煤冒落、成拱、回收率等的影响,提出了综放面自动放煤(或智能放煤)的多放煤口协同放煤方法,建立了综放工作面多放煤口协同放煤模型。这为综放面综放工作面自动放煤或智能放煤提供了理论和试验依据。

(2) 采用实验室试验方法,得到了煤和矸石的化学成分、物理电性等参数,分析了煤和矸石在微波照射前后温度的变化与其理化特征的关系,揭示了煤和矸石的微波照射热敏效应不同的机理。

(3) 利用微波照射条件下煤和矸石的热敏效应的差异特性,提出了微波照射-红外探测主动式煤岩识别方法。利用该方法对同忻煤矿的煤、矸石样品进行了大量的煤岩识别试验研究,取得了良好的效果,为综放面煤岩识别提供了一种新的技术途径。

6.3 展　　望

综放工作面放煤过程是一个庞大的系统工程,涉及因素多且复杂。由于作者水平、试验条件和文章篇幅有限,书中对多个问题没有详细展开。微波照射-红外探测主动式煤岩识别方法仅在实验室进行了部分相关的试验和验证。将这种方法其应用于现场,还需要做进一步的系统研究。后续需要进一步深入研究的内容总结如下:

(1) 综放面放煤支架架型、顶板岩层、矿压规律以及顶煤的裂隙发育情况等对顶煤的冒放规律起到一定的影响。书中将顶煤看作理想化的均匀圆形散体介质,这与现场的实际情况有一定的不符。下一步需要对影响顶煤冒放规律的其他因素做全面的研究及必要的工业性试验。

（2）由于当前试验条件和时间的限制,仅对微波照射-红外探测主动式煤岩识别方法中的部分内容进行了基础理论上的研究和验证,还需要进行其他相关性的基础试验以及井下生产环境的具体测试等。

参 考 文 献

[1] 安娜托里.监视潜伏的煤岩界限的方法和所采用的传感器[M].苏联:物理,1989.

[2] 白庆升,屠世浩,王沉.顶煤成拱机理的数值模拟研究[J].采矿与安全工程学报,2014,31(2):208-213.

[3] 毕东柱.基于 ZICM2410 通信模块的煤矸识别手持终端设计[J].煤炭科学技术,2014(08):83-85,94.

[4] 曹胜根,刘长友,李鸿昌.浅析放顶煤开采的煤炭回收率[J].矿山压力与顶板管理,1993(3/4):100-104.

[5] 曹占杰,刘新河.放顶煤采场顶煤运动规律研究[J].中国煤炭,2005,31(9):50-51,60.

[6] 戴俊,师百垒,吴涛.微波照射对岩石抗冲击性能的影响[J].河南科技大学学报(自然科学版),2016,37(01):64-67,8.

[7] 丁亮.白洞煤矿综放工作面煤矸识别研究[J].同煤科技,2014,140(2):1-3.

[8] 董金明,林萍实.微波技术[M].北京:机械工业出版社,2003.

[9] 樊运策.综合机械化放顶煤开采技术[M].北京:煤炭工业出版社,2003.

[10] 冯宇峰.含夹矸特厚煤层综放开采关键技术研究[D].徐州:中国矿业大学,2014.

[11] 富强,吴健,陈学华.综放开采松散顶煤落放规律的离散元模拟研究[J].辽宁工程技术大学学报(自然科学版),1999,18(6):570-573.

[12] 高明中.FLAC 在放顶煤开采顶煤变形与移动特征研究中的应用[J].湘潭矿业学院学报,2003,18(2):9-12.

[13] 高明中.放顶煤开采顶煤移动与破坏规律的数值分析[J].淮南工业学院学报,2002,22(3):5-9.

[14] 弓培林,靳钟铭,魏锦平.放顶煤开采煤体裂隙演化规律实验研究[J].太原理工大学学报,1999,30(2):119-123.

[15] 顾铁凤,宋选民.综放工艺参数对顶煤破碎的影响规律[J].矿山压力与顶板管理,1997(3):46-48,61.

[16] 郭旋.煤矸石的微波加热特性及其煤层气脱氧工艺研究[D].太原:太原理工大学,2016.

[17] 何春林.典型冶金原辅料的微波吸收特性及其应用研究[D].南宁:广西大学,2016.

[18] 黄炳香,刘长友,张统,等.近红外线光谱识别煤矸及含矸量控制方法:中华人民共和国,CN 101798927 A[P].2010-04-01.

[19] 黄铭.微波与颗粒物质相互作用的机理及应用研究[D].昆明:昆明理工大学,2006.

[20] 黄志增,毛德兵,刘前进.大采高综放开采特厚顶煤运移特征实测研究[J].中国煤炭,2015,41(11):41-43,63.

[21] 霍平,曾翰林,霍柯言.基于图像处理的煤-矸密度识别系统的研究[J].选煤技术,2015(2):69-73.

[22] 金智新,于海涌.特厚煤层综采放顶煤开采理论与实践[M].北京:煤炭工业出版社,2006.

[23] 靳钟铭.放顶煤开采理论与技术[M].北京:煤炭工业出版社,2001.

[24] 康天合.顶煤冒放特性与预注水处理顶煤的理论研究及其应用[D].武汉:中国科学院武汉岩土力学研究所,2002.

[25] 李海军,潘瑞凯,张兆一.大采高综放开采顶煤放出率影响因素分析[J].煤炭技术,2016,35(2):48-49.

[26] 李化敏,周英,翟新献.放顶煤开采顶煤变形与破碎特征[J].煤炭学报,2000,25(4):352-355.

[27] 李荣富,郭进平.类椭球体放矿理论及放矿理论检验[M].北京:冶金工业出版社,2016.

[28] 李旭,顾涛.煤矸振动信号小波奇异性-Fisher判别规则研究[J].计算机工程与设计,2011,32(5):1800-1803.

[29] 李云峰.微波加热过程中材料的介电性及传热特性研究[D].昆明:昆明理工大学,2012.

[30] 栗建平.大采高转综放条件下采煤工艺及顶板稳定性研究[D].北京:中国矿业大学(北京),2014.

[31] 梁义维,熊诗波.基于神经网络和Dempster-Shafter信息融合的煤岩界面预测[J].煤炭学报,2003,28(1):86-90.

[32] 刘富强,钱建生,王新红,等.基于图像处理与识别技术的煤矿矸石自动分选[J].煤炭学报,2000(05):534-537.

[33] 刘伟,华臻,王汝琳.基于Hilbert-Huang变换和SVM的煤矸界面探测方法[J].安全与环境学报,2011,11(6):194-198.

[34] 刘伟,华臻,王汝琳.基于Hilbert谱信息熵的煤矸放落振动特征分析[J].中国安全科学学报,2011,21(4):32-37.

[35] 刘伟,华臻,张守祥.基于小波和独立分量分析的煤矸界面识别[J].控制工程,2011,18(2):279-282,28.

[36] 刘伟,华臻.Hilbert-Huang变换在煤矸界面探测中的应用[J].计算机工程与应用,2011,47(9):8-11,15.

[37] 刘伟.综放工作面煤矸界面识别理论与方法研究[D].北京:中国矿业大学(北京),2011.

[38] 刘一博,白云虎,侯建国.浅谈综采放顶煤开采的发展及存在的问题与对策[J].煤矿安全,2011,42(6):160-162.

[39] 刘占魁,王烨,孙二伟.综采放顶煤合理放煤参数的确定[J].内蒙古科技大学学报,2010,29(1):5-7.

[40] 马瑞,王增才,王保平.基于声波信号小波包变换的煤矸界面识别研究[J].煤矿机械,2010,31(5):44-46.

[41] 马宪民,蒋勇.煤与矸石识别的数字图像处理方法探讨[J].煤矿机电,2004(05):9-11.

[42] 孟宪锐,王鸿鹏,刘朝晖,等.我国厚煤层开采方法的选择原则与发展现状[J].煤炭科学技术,2009,37(1):39-44.

[43] 孟宪锐.现代放顶煤开采理论与实用技术[M].徐州:中国矿业大学出版社,2001.

[44] 欧阳琳男.粗大误差判断准则运用条件的相关分析[J].中国计量,2017(11):106-107.

[45] 潘启新,鞠超,于辉华,等.综放工作面顶煤活动规律分析[J].煤炭技术,2000,19(5):23-25.

[46] 潘艳宾.微波照射下岩石中裂纹形成的研究[D].西安:西安科技大学,2016.

[47] 彭元东.微波加热机制及粉末冶金材料烧结特性研究[D].长沙:中南大学,2011.

[48] 秦剑秋,陈纪东,孟惠荣.煤岩界面识别传感技术[J].煤矿机电,1993(01):24-26.

[49] 秦剑秋,郑建荣,朱旬,等.自然 T 射线煤岩界面识别传感器的理论建模及实验验证[J].煤炭学报,1996(05):67-70.

[50] 秦剑秋,郑建荣,朱旬.自然 γ 射线煤岩界面识别传感器[J].煤矿机电,1996(03):9-10,15.

[51] 任芳,杨兆建,熊诗波.国内外煤岩界面识别技术研究动态综述[J].煤,2001(04):54-55.

[52] 任芳.基于多传感器数据融合技术的煤岩界面识别的理论与方法研究[D].太原:太原理工大学,2003.

[53] 任世广.大倾角长壁综放开采顶煤放出体变化规律实验研究[D].西安:西安科技大学,2005.

[54] 闫少宏,王启宝,高国栋.放顶煤开采顶煤与顶板活动规律的研究[J].煤,1994,4(2):48-53.

[55] 沙健.基于红外热成像的早期火焰探测研究[D].合肥:安徽大学,2017.

[56] 尚海涛.综合机械化放顶煤开采技术[M].北京:煤炭工业出版社,1997.

[57] 佘杰.基于图像的煤岩识别方法研究[D].北京:中国矿业大学(北京),2014.

[58] 石平五,张幼振,张嘉凡.急斜水平分段放顶煤放煤实验研究[J].矿山压力与顶板管理,2005,1(4):4-6,118.

[59] 宋传文,柴正芳.放顶煤开采顶煤应力有限元分析[J].山东矿业学院学报(自然科学版),1999,18(2):28-31,35.

[60] 宋庆军.综放工作面放煤自动化技术的研究与应用[D].徐州:中国矿业大学,2015.

[61] 宋选民,钱鸣高,靳钟铭.放顶煤开采顶煤块度分布规律研究[J].煤炭学报,1999,24(3):261-265.

[62] 宋选民.放顶煤开采顶煤裂隙分布与块度的相关研究[J].煤炭学报,1998,23(2):150-154.

[63] 宋振骐,陈立良,王春秋,等.综采放顶煤安全开采条件的认识[J].煤炭学报,1995,20(4):356-360.

[64] 宋正阳,张锦旺.急倾斜水平分段综放开采双轮间隔放煤煤岩分界面形态研究[J].煤矿安全,2015,46(8):47-53.

[65] 孙洪星.对我国综放开采技术发展的思考与展望[J].煤矿开采,2012,17(5):1-3,25.

[66] 孙利辉,纪洪广,蔡振禹,等.大倾角厚煤层综放工作面放煤工艺及顶煤运动特征试验[J].采矿与安全工程学报,2016,33(2):208-213.

[67] 孙晓刚,李云红.红外热像仪测温技术发展综述[J].激光与红外,2008(02):101-104.

[68] 田多,师皓宇,付恩俊,等.基于椭球体理论的放煤步距与放出率关系研究[J].煤炭科学技术,2015,43(3):51-53,143.

[69] 汪玉凤,夏元涛,王晓晨.含噪超完备独立分量分析在综放煤岩识别中的应用[J].煤炭学报,2011(S1):203-206.

[70] 王爱国.综放开采顶煤成拱机理及控制技术[J].煤矿安全,2014,45(08):214-216,220.

[71] 王保平.放顶煤过程中煤矸界面自动识别研究[D].济南:山东大学,2012.

[72] 王昌汉.放矿学[M].北京:冶金工业出版社,1982.

[73] 王华.铁氧化物微波场中升温行为及其煤基直接还原研究[D].长沙:中南大学,2011.

[74] 王家臣,陈炜,张锦旺.基于BBR的特厚煤层综放开采放煤方式优化研究[J].煤炭工程,2016,48(2):1-4.

[75] 王家臣,富强.低位综放开采顶煤放出的散体介质流理论与应用[J].煤炭学报,2002,27(4):337-341.

[76] 王家臣,李志刚,陈亚军,等.综放开采顶煤放出散体介质流理论的试验研究[J].煤炭学报,2004,29(3):260-263.

[77] 王家臣,宋正阳,张锦旺,等.综放开采顶煤放出体理论计算模型[J].煤炭学报,2016,41(2):352-358.

[78] 王家臣,宋正阳.综放开采散体顶煤初始煤岩分界面特征及控制方法[J].煤炭工程,2015,47(7):1-4.

[79] 王家臣,杨建立,刘颖颖,等.顶煤放出散体介质流理论的现场观测研究[J].煤炭学报,2010,35(3):353-356.

[80] 王家臣,杨胜利,黄国君,等.综放开采顶煤运移跟踪仪研制与顶煤回收率测定[J].煤炭科学技术,2013,41(1):36-39.

[81] 王家臣,张锦旺,杨胜利,等.多夹矸近水平煤层综放开采顶煤三维放出规律[J].煤炭学报,2015,40(5):979-987.

[82] 王家臣,张锦旺.急倾斜厚煤层综放开采顶煤采出率分布规律研究[J].煤炭科学技术,2015,43(12):1-7.

[83] 王家臣,张锦旺.综放开采顶煤放出规律的BBR研究[J].煤炭学报,2015,40(3):487-493.

[84] 王家臣.厚煤层开采理论与技术[M].北京:冶金工业出版社,2009.

[85] 王家臣.我国放顶煤开采的工程实践与理论进展[J].煤炭学报,2018,43(01):43-51.

[86] 王金华.特厚煤层大采高综放开采关键技术[J].煤炭学报,2013,38(12):2089-2098.

[87] 王雷.石墨烯三维复合材料的制备及其微波吸收性能研究[D].西安:西北工业大学,2014.

[88] 王树仁,王金安,刘淑宏,等.大倾角厚煤层综放开采颗粒元分析[J].北京科技大学学报,2006,28(9):808-811,81.

[89] 王增才,孟惠荣,张秀娟.自然 γ 射线煤岩界面识别研究[J].煤矿机械,1999(06):18-20.

[90] 魏锦平.综放面顶煤压裂规律及成拱机理研究[D].太原:太原理工大学,2004.

[91] 吴健.我国放顶煤开采的理论研究与实践[J].煤炭学报,1991,16(3):1-11.

[92] 吴涛.微波照射引起岩石抗冲击性能变化的试验研究[D].西安:西安科技大学,2015.

[93] 吴永平.大同矿区特厚煤层综采放顶煤技术[J].煤炭科学技术,2010,38(11):28-31.

[94] 谢德瑜.急倾斜三软煤层综放采场覆岩移动与顶煤放出规律研究[D].北京:中国矿业大学(北京),2016.

[95] 徐瑛,张强.国外煤岩界面传感器开发动态综述[J].煤矿自动化,1995(02):62-65.

[96] 徐永江.无源红外线煤岩界面探测系统[J].煤炭技术,1994(04):10.

[97] 闫少宏,张会军,刘全明,等.放煤损失率与冒落矸石堆积特征间量化规律的理论研究[J].煤炭学报,2009,34(11):1441-1445.

[98] 杨明元,高科.粗大误差的判别与剔除[J].内蒙古林学院学报,1997(01):60-62.

[99] 杨培举.两柱掩护式放顶煤支架与围岩关系及适应性研究[D].徐州:中国矿业大学,2009.

[100] 于斌,朱卫兵,高瑞,等.特厚煤层综放开采大空间采场覆岩结构及作用机制[J].煤炭学报,2016,41(3):571-580.

[101] 于斌.大同矿区双系煤层开采煤柱影响下的强矿压显现机理[J].煤炭学报,2014,39(1):40-46.

[102] 于斌.大同矿区特厚煤层综放开采强矿压显现机理及顶板控制研究[D].徐州:中国矿业大学,2014.

[103] 于斌.特厚煤层综放开采顶煤成拱机理及除拱对策[J].煤炭学报,2015,41(7):1617-1623.

[104] 于海勇.放顶煤开采基础理论[M].北京:煤炭工业出版社,1995.

[105] 于海涌,张海戈.关于放顶煤综采放煤步距的理论探讨[J].煤炭学报,1993,18(4):37-42.

[106] 于海涌.放顶煤开采基础理论[M].北京:煤炭工业出版社,1995.

[107] 元月,宇慧平.红外热像仪测温技术发展综述[A].北京力学会.北京力学会第二十二届学术年会会议论文集[C].北京力学会:北京力学会,2016:2.

[108] 袁永,屠世浩,王瑛,等.大采高综采技术的关键问题与对策探讨[J].煤炭科学技术,2010,38(1):4-8.

[109] 张晨.煤矸光电密度识别及自动分选系统的研究[D].北京:中国矿业大学(北京),2012.

[110] 张顶立.缓倾斜放顶煤工作面顶煤破碎规律的初步研究[J].湘潭矿业学院学报,1992,7(2):119-127.

[111] 张国军,章振海,汪玉凤,等.综放采煤自动化煤岩识别传感器的研究[J].传感器与微系统,2011(02):14-16.

[112] 张良,牛剑峰,代刚,等.综放工作面煤矸自动识别系统设计及应用[J].工矿自动化,2014,40(9):121-124.

［113］张宁波,刘长友,陈现辉,等.综放煤矸低水平自然射线的涨落规律及测量识别分析
［J］.煤炭学报,2015,40(5):988-993.

［114］张宁波,刘长友,陈现辉,等.综放煤矸低水平自然射线的涨落规律及测量识别分析
［J］.煤炭学报,2015,40(5):988-993.

［115］张宁波,刘长友,陈玉明.不稳定厚煤层放顶煤开采煤矸流场规律的数值模拟研究
［J］.煤炭技术,2014,33(12):1-4.

［116］张宁波.综放开采煤矸自然射线辐射规律及识别研究［D］.徐州:中国矿业大学,2015.

［117］张宁波.综放开采煤矸自然射线辐射规律及识别研究［D］.徐州:中国矿业大学,2015.

［118］张守祥,张艳丽,王永强,等.综采工作面煤矸频谱特征［J］.煤炭学报,2007(09):
971-974.

［119］张岩,赵乃卓,张守祥,等.基于DSP嵌入式煤矸识别系统的设计［J］.煤炭科学技术,
2010,38(2):81-83,103.

［120］张艳丽,张守祥.基于Hilbert-Huang变换的煤矸声波信号分析［J］.煤炭学报,2010,
35(1):165-168.

［121］张永吉,于福元,张绍文.综放开采覆岩破坏及顶煤冒落的相似模拟研究［J］.阜新矿
业学院学报(自然科学版),1995,14(2):40-43.

［122］赵栓峰.多小波包频带能量的煤岩界面识别方法［J］.西安科技大学学报,2009(05):
584-588+60.

［123］中国科学院.CDEM的计算原理及计算方法［R］.中国科学院力学研究所,2013.

［124］仲涛.特厚煤层综放开采煤矸流场的结构特征及顶煤损失规律研究［D］.徐州:中国矿
业大学,2015.

［125］朱世刚.综放工作面煤岩性状识别方法研究［D］.北京:中国矿业大学(北京),2014.

［126］祝凌甫,闫少宏.大采高综放开采顶煤运移规律的数值模拟研究［J］.煤矿开采,2011,
16(1):11-13,40.

［127］A W PREECE J M. The use of an infrared camera for imaging the heating effect of
RF applicators［J］. International Journal of Hyperthermia, 1987, 3(2): 119-122.

［128］AKSOY C O. Long-term time-dependent consolidation analysis by numerical model-
ing to determine subsidence effect area induced by longwall top coal caving method
［J］. International Journal of Oil, Gas and Coal Technology, 2016, 12(1): 18-37.

［129］AVAKILI B H. A new cavability assessment criterion for Long wall Top Coal Ca-
ving［J］. International Journal of Rock Mechanics and Mining Sciences, 2010, 47:
1317-1329.

［130］BAI Q S, TU S H, LI Z X, et al. Theoretical analysis on the deformation charac-
teristics of coal wall in a longwall top coal caving face［J］. International Journal of
Mining Science and Technology, 2015,9(25): 199-204.

［131］BESSINGER S L, NELSON M G. Remnant roof coal thickness measurement with
passive gamma ray instruments in coal mines［C］//Proceedings of the IEEE/IAS
Annual Meeting. W. V. USA, 1990: 27-34.

［132］CHANG JC. Distribution laws of abutment pressure around fully mechanized top-coal caving face by in-situ measurement[J]. Journal of Coal Science and Engineering, 2011, 17(1): 1-5.

[133] CHEN P P. Forecasting of destroyed height of overlying rock with the top coal caving based on ANN[J]. Journal of Coal Science and Engineering, 2008, 14(5): 190-194.

[134] HABIB ALEHOSSEIN B P. Stress analysis of longwall top coal caving[J]. International Journal of Rock Mechanics and Mining Sciences, 2010(47): 30-41.

[135] HARDY H R. Laboratory study of acoustic emission and particle size distribution during rotary cutting[J]. International Journal of Rock Mechanics and Mining Sciences, 1997, 34(3): 635-636.

[136] HE A X, LIU N, WEI G F. Coal-gangue acoustic signal recognition based on sparse representation[J]. Applied Mechanics and Materials, 2013, 333: 546-549.

[137] HUANG B X, WANG Y Z, CAO S G. Cavability control by hydraulic fracturing for top coal caving in hard thick coal seams[J]. International Journal of Rock Mechanics and Mining Sciences, 2015, 74: 45-57.

[138] JOHN C C. Automated petrographic characterization of coal lithotypes[J]. International Journal of Coal Geology, 1982, 1(4): 347-359.

[139] KHANAL M, ADHIKARY D, RAO Ba Lu-su. Evaluation of mine scale longwall top coal caving parameters using continuum analysis[J]. Mining Science and Technology, 2011, 21: 787-796.

[140] LENG X J, LI E Q, LIU J W, et al. The basic problems about fully-mechanized top-coal caving system[J]. Applied Mechanics and Materials, 2013, 10(256): 518-521.

[141] LI Q H, YANG R S, SHI W P. Numerical analysis on top coal caving of 2# coal seam in first mine of Chagannaoer[J]. Advanced Materials Research, 2012(594): 1338-1342.

[142] LI Q, WAN K, XU H, et al. Numerical simulation research on the shape of top coal drawn-body in gently inclined seam[J]. Advanced Materials Research, 2012, 11(468): 2248-2254.

[143] LI S G, PAN H Y, KONG T T, et al. Numerical simulation and analysis of underground pressure in the 101 fully-mechanized top coal caving face of the Tingnan coal mine[J]. Journal of Coal Science and Engineering, 2009, 15(1): 28-32.

[144] LI S H, ZHAO M H, WANG Y N, et al. A continuum-based discrete element method for continuous deformation and failure process[C]//WCCM VI in Conjunction with APCOM'04, Beijing: [s. n.], 2004.

[145] LIU C Y, HUANG B X, WU F F. Technical parameters of drawing and coal-gangue field movements of a fully mechanized large mining height top coal caving working face[J]. Mining Science and Technology, 2009, 7(19): 549-555.

[146] LIU J K, DONG C, ZHANG S Q, et al. Research on the rules of overlying rock

movement by similar material simulation in fully mechanized top coal caving mining with high cutting height[J]. Applied Mechanics and Materials, 2014, 11(522): 1419-1425.

[147] MA L Q, QIU X X, DONG T, et al. Huge thick conglomerate movement induced by full thick longwall mining huge thick coal seam[J]. International Journal of Mining Science and Technology, 2012(22): 399-404.

[148] MAKSIMOVIC S D, MOWREY G L. Investigation of feasibility of nature gamma radiation coal interface detection method in US coal seams[C]//SME Annual Meeting. Salt Lake City, USA, 1990: 90-127.

[149] MIAO S J, LAI X P, CUI F. Top coal flows in an excavation disturbed zone of high section top coal caving of an extremely steep and thick seam[J]. Mining Science and Technology (China), 2011(21): 99-105.

[150] MOWREY G L. A new approach to coal interface detection: the in-seam seismic technique[J]. Ieeetindappl, 1988, 24(4): 660-665.

[151] MOWREY G L. Passive infrared coal interface detection[C]//SME Annual Meeting. Salt Lake City, USA, 1990: 88-90.

[152] N E YASITLI B U. 3D numerical modeling of longwall mining with top-coal caving [J]. International Journal of Rock Mechanics and Mining Sciences, 2005, 42: 219-235.

[153] P. J Hsu, S K Lai. Structures of bimetallic clusters [J]. J. Chem. Phys. 2006, 124 (044711): 1-11.

[154] RAKESH K, KUMAR S A, KUMAR M A, et al. Underground mining of thick coal seams[J]. International Journal of Mining Science and Technology, 2015(25): 885-896.

[155] STRANGE A D. Robust thin layer coal thickness estimation using ground penetrating radar[D]. [S. l.]: Queensland University of Technology, 2007.

[156] WANG J C, YANG S L, LI Y, et al. Caving mechanisms of loose top-coal in longwall top-coal caving mining method[J]. International Journal of Rock Mechanics and Mining Sciences, 2014, 71: 160-170.

[157] WANG J C, ZHANG J W, LI Z L. A new research system for caving mechanism analysis and its application to sublevel top-coal caving mining[J]. International Journal of Rock Mechanics and Mining Sciences, 2016, 88: 273-285.

[158] WANG J C, ZHANG J W, SONG Z Y, et al. Three-dimensional experimental study of loose top-coal drawing law for longwall top-coal caving mining technology [J]. Journal of Rock Mechanics and Geotechnical Engineering, 2015, 10(7): 318-326.

[159] WEI H, ZHAO X Y, LUO C X, et al. Coal-Rock interface recognition method based on dimensionless parameters and support vector machine[J]. Electronic Journal of Geotechnical Engineering, 21(16): 5477-5486.

[160] WEI H. Identification of coal and gangue by feed-forward neural network based on data analysis[J]. International Journal of Coal Preparation and Utilize, 2017(2): 1-11.

[161] WEI J P, LI Z H, SANG P M, et al. Control effect of fracture on hard coal cracking in a fully mechanized longwall top coal caving face[J]. Journal of Coal Science and Engineering, 2009, 15(1): 38-40.

[162] WU Y P, ZHANG H, XIE P S. Comparative analysis of overburden strata movement in fully mechanized top coal caving mining in entire (sub) layer of ultra thick seam[J]. Applied Mechanics and Materials, 2015, 744: 451-458.

[163] XIE G X, CHANG J C, YANG K. Investigations into stress shell characteristics of surrounding rock in fully mechanized top-coal caving face[J]. International Journal of Rock Mechanics and Mining Sciences, 2009(46): 172-181.

[164] XIE H, ZHOU H W. Application of fractal theory to top-coal caving[J]. Chaos Solitons and Fractals, 2008, 36: 797-807.

[165] XIE J, GAO M Z, ZHANG R, et al. Lessons learnt from measurements of vertical pressure at a top coal mining face at Datong Tashan mines, China[J]. Rock Mechanics and Rock Engineering, 2016(49): 2977-2983.

[166] XIE Y S, ZHAO Y S. Numerical simulation of the top coal caving process using the discrete element method[J]. International Journal of Rock Mechanics and Mining Sciences, 2009(46): 983-991.

[167] XU J K, WANG Z C, ZHANG W Z, et al. Coal-rock interface recognition based on MFCC and neural network[J]. International Journal of Signal Processing, Image, 2013, 6(4): 191-199.

[168] YU B, ZHAO J, KUANG T J, et al. In situ investigations into overburden failures of a super-thick coal seam for longwall top coal caving[J]. International Journal of Rock Mechanics and Mining Sciences, 2015(78): 155-162.

[169] YU B. Behaviors of overlying strata in extra-thick coal seams using top-coal caving method[J]. Journal of Rock Mechanics and Geotechnical Engineering, 2016, 8: 238-247.

[170] YU J H, MAO D B. Prediction of top-coal caving and drawing characteristics using artificial neural networks in extremely thick coal seam[J]. Applied Mechanics and Materials, 2015(743): 612-616.

[171] YU ZL. Study on improvement of simulation model of fully mechanized top-coal caving[J]. Applied Mechanics and Materials, 2011(99): 1356-1360.

[172] ZHAI X X. Statistic constitutive equation of top-coal damage for fully mechanized coal face with sublevel caving[J]. Journal of Coal Science and Engineering, 2008, 14(1): 6-11.

[173] ZHANG J G, ZHAO Z Q, GAO Y. Research on top coal caving technique in steep and extra-thick coal seam[J]. Procedia Earth and Planetary Science, 2011(2): 145-

149.

[174] ZHANG J, MIAO X X, HUANG Y L, et al. Fracture mechanics model of fully mechanized top coal caving of shallow coal seams and its application[J]. International Journal of Mining Science and Technology, 2014,8(24): 349-352.

[175] ZHANG N B, LIU C Y, YANG P J. Flow of top coal and roof rock and loss of top coal in fully mechanized top coal caving mining of extra thick coal seams[J]. Arabian Journal of Geosciences, 2016, 9(465): 1-9.

[176] ZHANG N B, LIU C Y. Arch structure effect of the coal gangue flow of the fully mechanized caving in special thick coal seam and its impact on the loss of top coal [J]. International Journal of Mining Science and Technology, 2016, 26 (3): 593-599.

[177] ZHENG GF, ZHA JW, LIU HZ, et al. Research on a coal gangue identification device[J]. Applied Mechanics and Materials, 2013, 325: 699-702.